煤气灯操纵

给女性的反PUA指南

[美] 阿梅利亚·凯利 (Amelia Kelley) ◎著　　陆　霓◎译

GASLIGHTING RECOVERY FOR WOMEN

The Complete Guide to Recognizing Manipulation
and Achieving Freedom from Emotional Abuse

中信出版集团 | 北京

图书在版编目（CIP）数据

煤气灯操纵：给女性的反 PUA 指南 /（美）阿梅利亚·
凯利著；陆霓译 . -- 北京：中信出版社，2023.12
　　书名原文：GASLIGHTING RECOVERY FOR WOMEN: The
Complete Guide to Recognizing Manipulation and
Achieving Freedom from Emotional Abuse
　　ISBN 978–7–5217–6041–5

　Ⅰ .①煤… Ⅱ .①阿… ②陆… Ⅲ .①心理学－通俗
读物 Ⅳ .① B84-49

中国国家版本馆 CIP 数据核字（2023）第 188078 号

煤气灯操纵——给女性的反 PUA 指南
著者：　　　[美]阿梅利亚·凯利
译者：　　　陆霓
出版发行：中信出版集团股份有限公司
　　　　　（北京市朝阳区东三环北路 27 号嘉铭中心　邮编　100020）
承印者：　　三河市中晟雅豪印务有限公司

开本：880mm×1230mm　1/32　　印张：7.5　　　　字数：132 千字
版次：2023 年 12 月第 1 版　　　印次：2023 年 12 月第 1 次印刷
京权图字：01-2023-5257　　　　　书号：ISBN 978–7–5217–6041–5
　　　　　　　　　　　　　　　　 定价：58.00 元

写给我生命中那些质疑自我价值的女性：

你的声音很重要，

你很重要，

你值得被爱，

被尊重

——因为你就是你。

目　录

前　言 / Ⅲ

第一部分　识别煤气灯操纵

第一章　什么是煤气灯操纵？ / 003

第二章　家庭中的煤气灯操纵 / 021

第三章　亲密关系中的煤气灯操纵 / 031

第四章　社会中的煤气灯操纵 / 041

第二部分　疗愈身心

第五章　直面过往创伤 / 057

第六章　捍卫你的感受 / 083

第七章　打破不良模式 / 115

第三部分　建立强大自我

第八章　树立自尊自信 / 141

第九章　练习爱自己，接纳真实的自己 / 165

第十章　建立信任和健康的关系 / 189

结　　语 / 213

参考书目 / 215

致　　谢 / 221

参考文献 / 223

前言

煤气灯操纵是女性可能遇到的最为常见的情感虐待形式之一，它加剧了权力动态 ① (power dynamic) 的失衡，也让社会性和结构性的性别不平等愈发恶化。这种形式的情感创伤可能发生在女性生活中的主要领域（包括亲密关系、家庭、友谊、医疗、学术界、职场以及整个社会）。

作为一名私人执业的综合心理治疗师，我在长期的工作实践中，接触过许多从精神创伤中恢复的女性。尽管她们的故事和经历各不相同，但她们渴望的东西都是相似的——安全感、被看到和被听到。我的诊所的使命是"让任何想要被疗愈的人都能获得疗愈"。我的理想就是让每个人都能掌握心理治疗和自我护理的方法。即使不来心理诊所，有了正确的资源和方法，也能进行自我治疗。从煤气灯操纵中获得修复的一个关键是：你要知道，你并不孤单。

通过学会识别煤气灯操纵、自我保护和自我关爱，女性能

① 权力动态，指在人际关系中，不同个体之间的权力分配和互动关系。——编者注

够更为关注自身，从而战胜最可怕的煤气灯操纵。当我们治疗和修复了煤气灯操纵造成的心理扭曲后，我们会发现，自己有了更敏锐的直觉，内心也变得更加强大。女性在各种挑战中的坚韧不拔汇聚成一股不可忽视的力量——正是这股力量，震慑住那些想要控制她们的人。

战胜煤气灯操纵的女性能够重获自我掌控权，实现自我疗愈并健康成长，她们身上最大的共同点就是复原力，让她们在这种形式的虐待中得以幸存，由此发展出对所有煤气灯操纵都高度警觉的内部警报系统。当觉察到不对劲时，她们懂得不去自我怀疑，并建立起更强大的自我价值感和自我赋权感，也不再需要寻求他人的认可。

如何使用本书

当你阅读本书时，你就开始掌控自己的生命旅程。本书中的每一个章节都提供了一系列的疗愈技巧、练习和方法，包括日记、技能培养工作表和自我关怀活动。若你觉得书中的某一部分与你无关，你可以针对自己的问题找到相应的章节，获得你需要的帮助。如果你正处于受虐待的痛苦之中，或者刚开始觉察到自己的经历中存在问题，我建议你从第一部分的第一章开始阅读。当然，必要时，停下来休息一会儿也是可以的。了解并尊重自己的极限，也是爱自己的体现。

本书分为三个部分。首先，本书教你识别各种形式的煤气灯操纵，并向你展示女性在煤气灯操纵下默默忍受的案例。在此基础上，你可以通过练习来帮助开启你的自我疗愈和自我赋权之旅。每个部分都是从煤气灯操纵带来的创伤中修复的关键。

● 第一部分帮助女性了解和识别在各种关系动态中常见的煤气灯操纵的不同形式，并提供如何建立安全感的行动计划。本章还探讨了以不同形式进行煤气灯操纵的案例，为你提供观察和了解不同女性经历的机会。

● 第二部分为女性提供自我疗愈的练习和技巧，通过对过往创伤和不健康模式的觉察来促进自我疗愈——一切的关键在于自我关怀和宽恕。进行这些练习之前，请确保你没有处于压力状态之下，例如感到疲劳、饥饿或不堪重负。

● 第三部分会讲到培养自尊自爱的练习和技巧。你将学会拥抱真实的自己，同时建立起坚不可摧的自我价值感。这能帮助你重拾自信并信任他人，积极生活，在未来的人际关系中健康成长。

第一部分

识别煤气灯操纵

人生最大的遗憾之一，就是活成别人希望的样子，而不是做你自己。

——香农·奥尔德（Shannon L. Alder）

煤气灯操纵会破坏一个人的自信，让其对自己的观点、自我意识和现实觉知产生怀疑和困惑。此外，在任何关系（比如恋人、家庭、朋友和同事关系等）和团体组织（比如职场、学校、政府和医疗机构等）中，只要某个个体对其他个体或群体具有潜在的权威性，就有可能存在煤气灯操纵。

　　煤气灯操纵一般并不明显，并通常以阴险隐蔽和难以辨别的形式出现。了解煤气灯操纵的手段和影响，能有助于你建立真正的自我价值感，从而不会轻易被他人操纵或情感虐待。个体越是认知无能，煤气灯操纵的危害就会越严重，意识到这一点是预防和修复的关键。

第一章

什么是煤气灯操纵？

为了充分了解什么是煤气灯操纵及其各种可能的操纵形式，本章将从以下三个方面讲解：煤气灯操纵的七个阶段，煤气灯操纵的常见动机和手段策略。本章还将探讨为什么女性比男性更容易成为煤气灯操纵的攻击目标。此外，由于煤气灯操纵通常难以被有效地识别和标记出来，本章还展示了如何将清晰的自我意识作为对抗煤气灯操纵强有力的武器。

起源

"煤气灯操纵"是指通过心理手段操控他人，让他们质疑自己的理智。这个词源自 1938 年的英国戏剧作品《煤气灯》（*Gas Light*），1944 年米高梅电影公司将其改编为电影《煤气灯下》（*Gaslight*），由著名女星英格丽·褒曼主演。电影讲述了这样一个故事：一位伪装得潇洒体贴的丈夫处心积虑地让妻子与世隔绝并对其加以操控，让她在孤独与痛苦的交织中逐渐失去理智。在其中一幕场景中，丈夫偷偷敲击墙壁制造声响，并故意将屋内的煤气灯调暗。当妻子询问时，他却一口咬定是她失去理智，出现幻听和幻视。他做出这样卑劣的行为，是为了将妻子逼疯，从而侵吞她家族的巨额财产。

2010 年代中期，这个词开始被心理治疗师采用，用来描述人际关系中的心理操纵。在 2017 年的 #MeToo（我也是）运动中，"煤气灯操纵"一词被用于描述性虐待幸存者受到的心理操纵，但直到 2018 年，这个词才在主流社交媒体上出现。社会学家认为，"煤气灯操纵"一词在 2018 年的流行，得益于它能很好地贴合回应一些热门政治事件。当时一些西方政客对公众谎话连篇，并公然否认他们说过的话或做过的事情。与此同时，人们逐渐意识到，维护心理健康和关系平等具有不容忽视的重要性。

煤气灯操纵者

实施煤气灯操纵最常见的动机是对权力的渴求。从小被以煤气灯操纵形式抚养长大的人可能会丧失自主性和权力感，因此，他们可能也会习得这种操纵方式，将其作为自己的生存手段。而对于那些过去没有经历过煤气灯操纵的人来说，对权力的渴求则可能源于自恋者或其他反社会者的不安全感和自尊问题。虽然自恋与煤气灯操纵有着明显的相关性，但并非每个煤气灯操纵者都是自恋者。

非自恋型的煤气灯操纵者可能来自试图在专业领域或社会上取得成就的人，比如政治家、医学专业人士、邪教领袖、政客或是那些试图煽动性别和 / 或种族对立的人，这些人为了达到自己的目的，从来不会考虑受害者的身心健康。

自恋型的煤气灯操纵者则是由情绪否定[①]（emotional invalidation）和自我意识退化造就的。作家、学者和自恋课题的长期研究者沙希达·阿拉比（Shahida Arabi）说："自恋者是让你怀疑自己和虐待自己的大师。"自恋型煤气灯操纵者通过有计划地增加受害者对自我的怀疑和对操纵的依赖，从而实现对他们的控制和驾驭。洗脑成功后，煤气灯操纵者就改变了

[①] 情绪否定，心理学名词，指当你和他人沟通时，他人使你觉得你的情绪和感受是不被承认的，是无效的、不合理的、不理智的，应该被压抑和隐藏。——编者注

受害者对现实的认知，成为其虚假的安全感来源，从而增加创伤纽带 [①]（trauma bond）。

你知道吗？

2022 年，"煤气灯操纵"成为美国《韦氏词典》的年度词汇，搜索量比上一年激增 1 740%。当年并没有发生突发事件作为引爆点助推搜索，因此，该术语完全是凭借网民们的关注一举成为热搜词汇的。这不是"煤气灯操纵"第一次入选年度词汇的竞争行列。"煤气灯操纵"是仅次于"有毒"（toxic）的热门词汇。"有毒"与"煤气灯操纵"具有相似的含义，但前者涵盖了更为广泛的负面行为。也就是说，虽然煤气灯操纵是一种有毒行为，但做出有毒行为的人却不一定进行了煤气灯操纵。除了煤气灯操纵，这类"有毒人群"（toxic person）还可能做出其他很多伤害他人的行为，包括不予支持（unsupportive）、肆意评判（judgmental）、自我中心（self-centered）和极度控制（controlling）等。

---

① 创伤纽带，指施虐者与受害者之间的情感依恋，这种依恋形成于反复的虐待、暴力或控制。它通常很强大，其受害者的特点是具有依赖性、强迫性的想法以及极高的忠诚度。因此，存在"创伤纽带"的人很难摆脱被虐待的情况。——编者注

> "有毒"和"煤气灯操纵"的关键区别在于，煤气灯操纵是一种被用于扰乱、破坏他人的现实感知从而实现心理控制的策略，而有毒则广泛存在于其他形式的不良关系或虐待行为中。

女性与煤气灯操纵

女性极富力量，又充满智慧，这种特质可能会让想要控制她们的人感到害怕。一般来说，女性的情感更为细腻，对他人的需求更加体察入微。与此同时，她们又脚踏实地、勇敢坚毅。虽然对于整个社会来说，细腻的情感和高共情力是十分宝贵的财富，但父权制却试图给女性贴上"过分敏感"或"过于情绪化"的标签，以此贬低她们这些美好的特质。

父权制试图通过对女性施以煤气灯操纵，维持权力运作，凌驾于她们之上。梅琳达·温纳·莫耶（Melinda Wenner Moyer）在《纽约时报》上发表了《女性在医疗煤气灯下的呼唤》（"Women Are Calling Out Medical Gaslighting"）一文，指出医疗中的煤气灯操纵问题。她说，早在该术语出现之前，这个问题就已经存在许久了。几个世纪以来，女性的一切心理健康问题以及与子宫相关的问题，一律被诊断为"癔病"

（hysteria）。女性的健康和身体自主性一直被忽视，医学研究、经费投入和可行的治疗方案历来都以男性健康作为主要的参照标准。因此，尽管将女性排除在医疗研究之外最终损害的是全人类的健康利益，男性的健康问题还是更容易受到关注，这也让他们比女性在当前的医疗系统中更为受益。

煤气灯操纵的手段

施虐者可能会使用各种各样的手段进行煤气灯操纵。我们需要特别注意，以下是七种最为常见且危害性最强的操纵手段。一些操纵者可能会用上全部手段，另一些操纵者可能会专用特定的几招。尤其需要注意的是，一旦你觉察到其中的任何一种手段——无论它只发生了一次还是已经持续了一段时间——这都在警示着，问题很有可能已经发生了。

研究中的空白

虽然特定的个人、群体和系统可以通过对女性进行煤气灯操纵而获益，但其产生的负面影响终归会危害我们整个社会的福祉。医疗中的煤气灯操纵就导致了重大疾病治疗的研究中存在空白。例如，心脏病在女性群体中的表现症状不同于男性，但医疗研究主要基于男性病例研发这种疾病的诊断工具，这就导致医疗专业人员经常忽视女性病例中具有致命威胁的症状。我们的母亲、女儿、姐妹和女性朋友都应该得到和男性一样的医护条件、尊重和关注，因为当她们承受苦痛时，我们全人类也都在一同承受苦痛。

1. **否认**。否认指的是，即使在证据确凿的情况下，煤气灯操纵者也拒绝为自己的错误行为负责。假装遗忘、推卸责任和公然撒谎都是否认的典型表现。

2. **拒绝沟通**。拒绝沟通和战略无能[①]（strategic incompetence）有相似之处，即煤气灯操纵者在关键时刻假装不理解或听不到受害者在说些什么。煤气灯操纵者会声称自己从未听到对方说过这些，或者否认对方这些话语的意义，意指对方的言语不合逻辑或是思维混乱，从而达到贬低对方的目的。然而，如果受害者不记得操纵者说过的话，操纵者会反过来指责对方是个糟糕的听众。

---

① 战略无能是作家贾里德·桑德伯格在 2007 年提出的概念，指有些人会在工作中或自己认为"不重要"的任务中假装无能，从而逃避工作或任务。——编者注

3.**蔑视**。煤气灯操纵者通过贬低受害者的想法和感受，让他们觉得自己想要的"太多了"。个体想要进行自我表达却被对方称为情绪化、太浮夸或是要求太多，这时就是煤气灯操纵者在运用"蔑视"手段进行操纵。前文"医疗中的煤气灯操纵"部分所提到的，历史上女性各种正常的医疗需求被贴上"癔病"的标签，同样也是这类操纵的表现。

4.**质疑**。质疑指的是煤气灯操纵者通过质疑受害人信息来源的可信度，打压受害人的自信。例如，告诉受害人："你根本就不懂这些，因为这些信息都是你从网上随便听来的。"不幸的是，各种传播渠道中充斥着大量不实信息，教育机构、教会、公司或政府等团体组织也会在公众中散布混淆视听的谣言，这就让煤气灯操纵者更加有机可乘。

5.**反驳**。反驳指的是，即使在有证据证明的前提下，煤气灯操纵者也会不断质疑受害者对真实事件的记忆，从而达到让对方怀疑自己的目的。操纵者会质疑对方是否遗忘了发生过的事件，并经常制造出一种受害者记忆力不好或"总是忘记事情是怎么发生的"的说法。这种操纵策略在电影《煤气灯下》中表现得尤为典型，影片中的丈夫不断否认妻子对事实的记忆，导致她逐渐走向精神崩溃。

6.**制造刻板印象**。煤气灯操纵者将有关性别、种族、民族、性取向、国籍或年龄的负面刻板印象作为武器攻击受害者。刻板印象形成后，对受害者某一特质的过度概括和夸大就成为操纵者的工具，用来预测或解释为什么受害者是错误的、疯狂的、过激的、情绪化的或不可理喻的。

7. **转移焦点。**煤气灯操纵者留下犯错误的证据时，操纵者并不会承认自己的问题，而是通过提及对方的错误来重新获得控制权。当操纵者在面对诸如谈话录音、文件票据或电子邮件等有形证据而感受到威胁时，他们更是会奋力通过转移焦点做出反击，斥责对方缺乏信任、充满嫉妒、麻木不仁、心地恶毒、冷酷无情等，从而达到打击对方士气的目的。

否认	"我从来没有做过/说过/想过/想要这些。"
拒绝沟通	"你需要明确表态。" "你这些话根本说不通。" "你说得太快了，我没听清。"
蔑视	"你为什么这么高需求/情绪化/歇斯底里/荒谬/浮夸/消极？"
质疑	"你不能完全相信你所读到/听到/看到的。" "我永远不会相信 ＿＿＿ 所说的话（填入任何与煤气灯操纵者立场相左的组织、政治团体或信仰体系）。"
反驳	"你根本就不记得发生了什么。你的记忆力太差了。让我告诉你，事实是……" "我永远不能相信你的记忆力。" "你这是在捏造事实，因为你根本就记不清到底发生了什么。"
制造刻板印象	"他们才不会相信你呢。因为女性指控虐待行为时，他们从没有相信过。" "你真的不知道自己在说什么。因为你太年轻，根本无法理解这些。"

（续）

转移焦点	"你提这些做什么？这难道不是你的问题吗？" "反正你也不在乎我，又有什么好抱怨的呢？你从来没有真正在乎过我。" "你太小气了。"

图 1 七种常见的煤气灯操纵话术

煤气灯操纵的七个阶段

在《今日心理学》（*Psychology Today*）杂志中，美国山麓学院的普雷斯顿·倪教授（Preston Ni）通过各类相关研究，概述并总结了煤气灯操纵的七个阶段。在现实生活中，并非所有的煤气灯操纵都会依照相同顺序进行或覆盖所有阶段。正如人与人的关系各不相同，煤气灯操纵所包含的阶段也各不相同。

第一阶段：谎言与夸大

煤气灯操纵从操纵者对受害者发起虚假的负面叙述开始。在这个阶段，为了剥夺受害者的安全感，操纵者极尽夸张之能事。例如，妻子偶尔有一天下班回家晚了，想要进行煤气灯操纵的丈夫便会夸大其词地说："你总是这么晚才回来！你根本就不在乎我！"这就会让妻子想要赶紧为自己辩护，因为她受到了"从不关心丈夫"的负面反馈的影响。

第二阶段：不断重复是关键

如果第一阶段中的情境仅在伴侣感到疲惫、处于防御状态或充满不安全感时偶然发生过一次，那么这种行为就不是有意想要发展为情感虐待和煤气灯操纵。但是，如果这种行为的目标是控制另一个人，操纵者就会不断地重复它。在我们的父权制系统中，女性会更频繁地遭遇重复的煤气灯操纵，这就是为什么她们更有可能会陷入这种破坏性的循环。

第三阶段：挑战下的操纵升级

当煤气灯操纵者的行为受到挑战时，他们会加倍使用煤气灯操纵手段夺回主动权。他们对事实的否认令人难以置信，以至于受害者产生高度的自我怀疑和负面情绪。哪怕证据确凿，操纵者也会否认自己的责任，并大肆宣称自己无故被怀疑，因而受到巨大的伤害。在这一阶段，操纵者会试图利用受害者的同理心，将自己受到的伤害归咎于他们。

第四阶段：削弱受害者的力量

煤气灯操纵者对受害者维持控制最为有效的方法，就是剥夺他们的自我认同和对现实的认知。在这个阶段，操纵者将继续施以暴行，消耗受害者的情感能量，增加受害者的自我怀疑，促使受害者进一步相信操纵者创造的扭曲现实。

第五阶段：相互依赖

在这个阶段，受害者开始依赖操纵者以获得认同、许可、尊重和安全。操纵者会利用这种力量威胁受害者：一旦失去操纵者的认可，受害者就会被夺走赖以生存的动力。如果操纵者认为自己正在失去对受害者的控制，他们就会利用受害者的恐惧和脆弱，让受害者继续依恋他们。

关系老虎机

间歇性奖励（intermittent reward）会给予受害者虚假的希望。它的力量如此强大，以至于在最极端的创伤纽带关系中，它被用作一种强制控制手段。纽约城市大学约翰杰刑事司法学院的研究发现，间歇性奖励是一种非常有效的控制手段，也是性控制的关键组成部分。间歇性奖励会对我们的神经生物机制产生激励作用，尤其是当奖励不可预测时，多巴胺和血清素等让我们感觉欣快的激素将大量产生。这种欣快感如此令人着迷，以至于这段关系中的其他负面因素被全然忽略。就像赌博一样，如果没有赢钱的机会，我们也不会把钱币投入老虎机中，而获得回报的希望足以让我们成瘾。有毒关系也是如此。

第六阶段：给予虚假希望

没有希望，就没有投入。煤气灯操纵者深谙其道。为了让受害者成瘾，操纵者会间歇性地表观出伪装的善意或悔恨，误导受害者质疑自己的直觉，反思事情是否"真的那么糟糕"，而这些自我怀疑的感觉则将他们与操纵者更紧密地联结在一起。灌输虚假希望是维持虐待循环的一部分，它强化了受害者的一种观念——"一切都会好起来的"——即使事实并非如此。

第七阶段：支配和控制

在煤气灯操纵的最后阶段，操纵者要达成的最终目标，就是完全控制个体或群体的感受和行为。到了这一阶段，操纵者已经完全改变受害者的现实感，并可以将他们的操纵手段作为武器，随心所欲地用它们来对付受害者。操纵者会以一切方式控制受害者，让他们终日处于不安、怀疑和恐惧的状态。

煤气灯操纵的影响

煤气灯操纵会对受害者的自尊、自信、心理健康和对他人的信任产生持久的负面影响，其表现因人而异。以下是一些比较常见的长期影响。

信任问题

煤气灯操纵不仅会破坏受害者对自我的信任，还会破坏他们对他人、团体及其他实体的信任。其破坏性不仅仅表现在被操纵期间，无法信任他人的恶性循环会在未来持续对受害者造成伤害。如果遭遇过煤气灯操纵的受害者再也不能相信有人愿意帮助他们，那么他们就很难在医疗、教育、职业或人际关系问题上寻求支持。

心理健康问题

　　煤气灯操纵的目的是让受害者感到意识和精神上的失序与错乱，有时操纵者也确实达到了这个目的。由操纵导致的失去控制、丧失信心、被隔绝感和慢性压力，都会对受害者的思维方式产生强大的负面影响。不健康的思维模式会增加自我怀疑、自我厌恶和不安全感，而这些都是常见于抑郁、焦虑和其他心境障碍问题的表征。思想的力量无比强大。当受害者长期被负面思想支配，他们就会陷入自我否定的模式，更有可能出现心理健康问题。

创伤反应

　　剑桥大学长期对社会文化中的煤气灯操纵进行研究后发现，个体或群体经历操纵的时间越长，发生代际创伤和社会不平等的现象就越普遍。创伤后应激障碍（PTSD）常见于对创伤事件的不良反应。煤气灯操纵中的情感虐待会使受害者患上创伤后应激障碍，更具体地说，还会导致复杂性创伤后应激障碍（cPTSD）——一种由反复或长期的人际创伤引起的创伤后应激障碍。

复杂性创伤后应激障碍与创伤后应激障碍的区别体现在三种自我组织障碍（Disturbances in Self-Organization，简称DSO）的症状：

- **情绪调节**。这是一种有效管理和处理情绪体验的能力。该功能良好时，个体能够保持社交连接，并在情绪出现时有一定的感知容忍度。
- **消极的自我概念**。这会使受害者难以看到和满足自己的愿望与需求。同时，他们也会难以接受与自己观点相左的批评、建议或想法，还可能会产生一种与自我脱节的感觉。这些都会削弱受害者应对挑战的能力。
- **人际交往困难**。这些困难的形式不一而足，但都会导致受害者难以与他人建立真正的连接，也难以与他人建立信任和亲密关系。

了解复杂性创伤后应激障碍与其他精神障碍的细微差别，可以为因煤气灯操纵而形成创伤的女性提供更为精准的解决办法，让她们了解自己为什么会在有毒的关系中泥足深陷，学会准确地表达自己的需求，并向支持她们的人寻求专业的帮助。例如，她们可以采用辩证行为疗法（Dialectical Behavior

Therapy，简称 DBT），这种疗法能够帮助改善来访者的情绪调节能力。

识别复杂性创伤后应激障碍

以下是创伤后应激障碍和复杂性创伤后应激障碍都可能出现的症状：

- **创伤性再体验：**受害者的思维、记忆或梦中反复、不自主地涌现与创伤有关的情境或内容，甚至感觉创伤性事件好像再次发生一样。
- **回避／麻木：**受害者可能会回避与创伤事件相关的人物、地点或场景，这通常会导致他们抗拒社交，与世隔绝。
- **过度警觉：**这是一种持续警觉的状态，伴有高度的惊吓反应。受害者会感到紧张，经历恐慌发作和／或由紧张引起的慢性疼痛。

第二章

家庭中的煤气灯操纵

本章会列举一些女性被家庭成员施以煤气灯操纵的案例及其产生的影响。这些案例都来自来访者的真实经历，我很荣幸能与她们一起合作、学习和成长。在每一个案例中，我都会重点分析操纵者使用的手段以及这些有毒关系的特点。由于家庭虐待可能发生在各种关系中，因此在每个案例中，我都会探讨其独特的角色类型和关系动态形式。

案例1　"过度保护孩子的父亲"

　　克里斯特尔三十岁出头。她第一次踏进我的心理诊室，是因为她有承诺恐惧、低自尊和疑病症问题。她没有过性行为，却很害怕感染性传播疾病或怀孕。克里斯特尔是家里三个孩子中的老大。最小的孩子在出生时就不幸夭折了，当时克里斯特尔只有四岁，只剩下她和一个弟弟做伴。

　　当时，她的父亲无法承受丧子之痛，并且回避治疗，也很少谈论这段经历。父亲选择"过度保护"唯一在世的女儿来消化自己的痛苦，与此同时忽略了幼小的儿子。在克里斯特尔最早的记忆里，父亲经常对她说，如果没有他的保护，她就会受到伤害或被人利用。他想控制她的所有决定。克里斯特尔如果没有得到父亲的许可，就无法自主选择朋友、衣服、爱好，甚至无法自主决定参加学校的哪种活动。一旦克里斯特尔向父亲表达自己的想法，他就会说："你根本不知道自己在说些什么。"他还不断向她灌输这样的**刻板印象**："你太年轻了，根本不知道自己真正想要什么，所以你需要我的帮助。"

　　作为她的心理治疗师，我观察到克里斯特尔在谈话中表现出深刻的洞察力，但她却怀疑自己的智商，难以相信自己有能力做出正确的决定。父亲不断打击她的信心，改变了她的自我意识和信念，她认为自己非常无能，不能照顾好自己，这进一步加强了他们父女之间的相互依赖。

克里斯特尔十几岁时开始对异性产生兴趣，父亲又以他们的宗教信仰为武器，限制女儿的社交。他谎称想要约会的念头也是一种罪过，如果和男孩太亲近，她肯定就会染上性病或是怀孕——哪怕接吻也是极度危险的。每当她想穿些凸显身材的衣服时，父亲都会羞辱她。为了让父亲安心，克里斯特尔总会穿松松垮垮的衣服，把自己的身体曲线掩盖得严严实实。即使她穿着肥大的毛衣和牛仔裤，父亲还总骂她是"狐狸精"。在父亲持续的煤气灯操纵下，克里斯特尔对怀孕这件事充满恐惧，害怕与男性建立亲密关系。她一直无法摆脱父亲对她的影响，在她二十多岁的时候，父亲被诊断出胰腺癌，不久便离开人世。

父亲去世以后，克里斯特尔想要弄清楚自己的问题出在哪里，于是开始寻求心理治疗。从那时起，她就一直在努力克服生理上对亲密关系的强迫性恐惧。在长久的煤气灯操纵下，她享受性爱的能力受到了很大影响。她采用盆底修复疗法来重新训练自己的身体，摆脱消极的自我认知，最后终于能够享受到健康愉悦的性爱。尽管她有能力为自己的人生做出一系列合理的选择，她依然困在消极的自我认知中，无法确定自己的想法和需求，因为长久以来，她所有的人生选择都要依赖父亲。

案例 2 "疏于照顾孩子的母亲"

乔伊是一个二十岁出头的女孩，作为一名遭遇女性虐待的受害者，她的故事非常典型。乔伊已经订婚了，她、未婚夫和他们的小狗勒罗伊一起组成了一个充满爱的小家。乔伊友好积极的个性总能吸引周围的人。

尽管乔伊有着许多美好的品质，但她其实是在长期的煤气灯操纵下成长起来的。从小，乔伊就要努力地争取母亲的认可。乔伊的母亲是一位美丽、成功的职业女性，却一直饱受莫名疾病的折磨，乔伊总是因此受到指责。"母亲告诉我，她病得这么重，都是因为我疏于与她电话交流，对她的关心太少。她反复说我和她不够亲近，这给我带来很大压力。甚至有时候和她说话，我都会紧张得想吐。我逐渐开始相信，她的情绪崩溃都是我造成的。每当我想起她时，我都会觉得很不舒服。"

乔伊每次回家都会感到非常紧张，有一次甚至发生严重眩晕，耽误了工作。在那次家庭聚会中，母亲在全家人面前蔑视乔伊的所有情绪。母亲翻出乔伊曾经犯过的每一个错误，指责她在学校表现不佳都是因为懒惰（而这主要是因为她患有注意缺陷多动障碍，直到成年后才被确诊）。母亲认为，乔伊根本就无法自立，因为她"太黏人"，而乔伊从五岁起就听母亲这么描述她。为了避免自己表现得"太黏人"，乔伊向母亲和其他家庭成员隐瞒了自己的感受和创伤。乔伊在高中时曾遭到过性侵，当时，她没有报警，也没有去寻求应有的帮助。她遭受情感虐待，却认为这是理所当然的，由此导致后续一连串的不健康关系。

乔伊被诊断出患有许多心理健康问题，包括注意缺陷多动障碍、双相情感障碍和广泛性焦虑症。她有一种强烈的消极自我认知，经常以批判的口吻谈论自己。尽管周围的人不断提醒她，她是被爱、被需要的，但她还是无数次在治疗中哭着诉说对自己多么失望。乔伊把自己逼入了一个反复被拒绝的死循环，在这个循环中，她在自己想做的事情上不断地失败，以此加固消极的自我认知。

乔伊离开原生家庭后，她感到煤气灯操纵的迷雾消散了。后来，她获得大学学位，找到一份有意义的工作，并建立了不少特别的、充满爱的关系。尽管如此，她还是时常感到自卑，觉得自己身材、相貌平平，不断拿自己和别人做比较。正当她努力长成一个优秀的大人时，母亲的电话和来访又把她推回先前的恶性循环之中。

现在，乔伊意识到，无论何时母亲打来电话，她都没有义务立即接听，建立起适当的边界是自我关怀的重要组成部分。不过，乔伊还是很难想象与母亲完全切断联系。正是因为无法放手，她才承受了这么久煤气灯操纵的折磨。

案例 3 "把妹妹当发泄对象的姐姐"

萨莎天生就极富同情心。她对周围所有的人和动物都充满感情，并总是尽己所能关爱他们。她会喂养附近的流浪猫，有时这个社区里只有她会做这件事；当朋友或家人需要帮助时，她也总是第一个伸出援手。她敏感的天性在很小的时候就养成了。当时，一家人刚从东欧移民过来，父母忙于赚钱养家，只能把萨莎和她的四个兄弟姐妹独自留在家里。姐姐安娜负责照顾所有兄弟姐妹。为了减轻姐姐的负担，萨莎什么需求都不敢提，以至于大部分时间都在忍饥挨饿。

安娜有许多萨莎仰慕的品质——她美丽大方，广受欢迎，大家都很喜欢她。但安娜身上也存在着不为人知的阴暗面。她会通过自残和酗酒虐待自己的身体，还曾多次威胁要自杀。尽管父母都很关心安娜，但他们总不在家，因此，性格温和、富有同情心的萨莎就成为安娜发泄痛苦的对象。

在萨莎离开家之前，姐妹俩的关系一直很紧张。除了参加父母的葬礼，萨莎再也没有回过家。母亲去世前，安娜总在言语和情感上虐待母亲，对她大喊大叫，骂她愚蠢，并将自己生活中的一切不如意都归咎于她。母亲去世后，安娜就把虐待的矛头指向了萨莎。萨莎说，姐姐会捏造虚假事实，尤其是喝酒以后，她甚至会痛斥萨莎想让她去死。姐姐一天到晚给她打电话，发送一堆语音留言，还责怪萨莎从不关心她。当萨莎试图为自己辩解或与安娜对峙时，安娜都会矢口**否认**，声称自己从未说过这些话。

尽管萨莎试着告诉自己，安娜的指责都是无稽之谈，但安娜几次威胁要自杀，还是让她忧心忡忡。安娜很会运用手段，她知道不能把妹妹逼得太紧。当她清醒时，她又会用自己的魅力吸引萨莎回到自己身边。因为安娜的家里没有电脑，她会请萨莎帮她网购，萨莎总是难以拒绝。作为回报，安娜也会对萨莎表达充分的肯定和爱意。然而，这样相亲相爱的时间持续不了多久，姐妹关系又会再次变得充满毒性。安娜渴望获得安慰，哪怕她们已经形成可怕的创伤纽带；而萨莎则需要从对姐姐的愧疚中解脱出来，她已经被压抑太久太久。直到现在，姐妹俩仍然在依赖共生、提供虚假希望、支配控制和短暂和谐之间循环往复。

总结与结论

学会远离和拒绝

受害者往往难以摆脱家庭关系中的煤气灯操纵，它通常会持续数年，甚至一辈子。家庭中的煤气灯操纵者可以是任何家庭成员，包括主要照顾者、父母、兄弟姐妹、大家族以及重组家庭中的成员等。然而，家庭系统的复杂性是不变的，它会在煤气灯操纵的权力动态中发挥作用。

所有家庭成员都目睹了煤气灯操纵的发生，却没有人保护受害者，通常是因为他们害怕自己成为操纵的目标，而这就可能进一步强化操纵者描绘的扭曲现实。为了防止家庭中的煤气灯操纵，你可以按下列步骤去做，包括寻求他人和专业人士的支持等。与没有经历过煤气灯操纵的健康人士建立连接，可以帮助你重新获得真实感，学会识别关系中的潜在危险，并在煤气灯操纵不断侵犯、威胁你的安全边界时，为你提供一个可靠的支持结构。经历家庭成员的煤气灯操纵后，外部支持能够帮助受害者采取积极措施，建立健康边界，并在疗愈之旅中不断向前迈进。

我经常告诉那些在家庭煤气灯操纵中苦苦挣扎的来访者：操纵者是你的家人，但这并不意味着必须要把他们留在你的生活中。即使是你的家人，只要毒性太大，你完全无法与之相处，你也可以远离和拒绝他。

建立安全感

一个切实可行的行动计划可以保护你免受煤气灯操纵的伤害，

尤其当你身处复杂的情境时——比如家庭关系中——你无法避免或难以逃脱操纵者的控制。如果你认为自己正在遭遇煤气灯操纵，那么，下面这个循序渐进的自救计划将帮助你摆脱困境。

第一步：识别煤气灯操纵。第一步，也是最关键的一步，就是辨别出正在发生的事情。请注意对方使用的常用短语和手段。如果对方的言行令你出现以下情况，请高度警惕：

- 自我怀疑、困惑和 / 或不确定
- 过度道歉
- 为自己的感受感到不安
- 决策困难
- 感到失控

第二步：为自己创造空间。如果你和煤气灯操纵者住在一起，请尽量减少待在家里的时间。你可以试着找份工作，报名参加课后或下班后的活动，离开家去散步或跑步，与其他朋友或家人共度时光……如果无法做到这些，试着进行呼吸训练、着陆练习[①]和本书第三部分介绍的其他方法，在自己的身体中创造一个冥想的空间。

———————————

① 着陆练习，指个体通过调整呼吸等方式将注意力从内在思考转移至外在世界，从而缓解焦虑、紧张等负性感受。——编者注

第三步：收集证据。 做好现实物证的归档，可以帮助你建立现实感，从而在未来更好地处理这段关系。你可以试着去收集照片、短信、电子邮件等材料。收集这些材料并不是为了改变操纵者，因为操纵者可能会利用它们作为攻击你的武器。相反，它们是你与现实感之间的连接，能够真切地提醒你在思想和感受上摆脱操纵者的控制。

第四步：让一位支持者参与进来。 与他人分享你的创伤经历可能并非易事，但这能帮助你在未来免受进一步的伤害。试着在有毒关系之外找到值得信任的人，这将帮助你重获现实感，并在适当的时候制订一个计划，要么直面煤气灯操纵并战胜它，要么远远地逃出它的魔掌。

如果煤气灯操纵发生在一段无法逃脱的虐待关系里，你有必要寻求专业人士的帮助。

第三章

亲密关系中的煤气灯操纵

　　谈到煤气灯操纵，我们最先想到的案例往往都和亲密关系有关。在亲密关系里，爱侣们朝夕相处、耳鬓厮磨，更能掌握彼此的个性和弱点，因此很容易滋生煤气灯操纵。第三章将列举三位女性被伴侣施以煤气灯操纵的真实案例，剖析这种虐待是如何影响她们的自尊、自我价值乃至整体的安全感的。我们还将讨论如何设定健康的界限以及打破操纵虐待循环这两个问题，它们对于防止潜在的虐待关系升级至关重要。

案例1 "多疑的未婚夫"

萨拉和吉尔订婚五年后，萨拉开始接受治疗，以解决内在动机障碍①、严重焦虑和失眠问题。当我问及她的情感状况时，萨拉说她推迟了婚礼计划，因为感觉有些事情"不太对劲"。尽管萨拉想要推迟，她的未婚夫吉尔却一直向她施压，要求她尽快推进日程。他说，如果她再这么犹豫不决，那两个人就没有必要再继续交往。

我请萨拉向我描述一下朋友和家人是如何看待她和吉尔的关系的，她说她也不知道，因为"吉尔并不喜欢和人打交道"。遇见吉尔之前，萨拉非常善于交际，还有几个亲密的朋友、同事和家人，经常和他们愉快小聚。自从和吉尔在一起，萨拉的社交圈便迅速缩小。每当萨拉想要自己出去社交——比如和朋友相约去攀岩，或者下班后和同事出去喝一杯——吉尔都会指责萨拉关心别人比关心他还多。萨拉真的很爱吉尔，希望这段关系能长长久久。因此，她想尽一切办法让吉尔相信自己的忠诚。于是，她取消了与朋友的聚会计划，甚至退出了她热爱的攀岩小组。

随着时间的推移，吉尔对萨拉的指责有增无减。每当萨拉

---

① 内在动机障碍，指的是个体无法自主产生从事各种活动的内在驱动力，无法从中获得满足感和成就感。——编者注

给朋友、同事发短信或电子邮件时，吉尔就会说萨拉是在偷情。当萨拉试图为自己辩护几句时，吉尔就会指责萨拉给他施加压力，从而**转移焦点**，迫使萨拉不得不为自己给对方造成困扰而不停道歉。萨拉对我说，每当收到电子邮件或短信时，她都会感到心里一紧。因此，如果需要回复信息，她就得悄悄躲到一边处理。这种偷偷摸摸的行为也让她质疑起自己的忠诚，她开始感到焦虑、失眠和偏头痛。萨拉生活圈子里的人越来越少，她对吉尔的依赖也就越来越深。此外，她还发现自己几乎不敢拒绝对方的任何要求。

曾有人向萨拉提供过一个极好的工作机会，不但能让她重回职场，还能升职加薪，没想到这也遭到了吉尔的斥责，他说她一心只想赚钱，而不愿花时间陪伴他，并威胁要离她而去。最后萨拉只得遗憾地拒绝了这份工作。尽管萨拉真的很想和吉尔在一起，但她也越来越觉得，她已经失去了自我。

界限设定与"完美时机"的迷思

内德拉·格洛佛·塔瓦布（Nedra Glover Tawwab）是《界限：通往个人自由的实践指南》（*Set Boundaries, Find Peace: A Guide to*

Reclaiming Yourself）一书的作者，她在书中说，当你第一次在一段关系或生活环境中感到不舒服时，这就是一个很好的信号，表明你此时需要设定一个界限。"不"本身就是一句完整的话，你无须根据别人的脸色调整自己的界限，这完全取决于你自己。太多人因为害怕伤害他人而迟迟不能设定界限，然而，拖延只会造成界限的模糊，并传递出别人可以在你这儿得寸进尺的信息。在萨拉和吉尔的关系中，存在着一个关于"完美时机"的迷思——萨拉以为自己表达想法的时机不对，因为每次她想要表达时，吉尔都"心情不好"，所以她总是受到指责。事实上，无论何时，萨拉都不被允许自由地表达自己的想法。

煤气灯操纵者把时机不对作为借口。他们可能会说一些类似这样的话来打压你的表达需求："你为什么非要现在提起这个？""我辛辛苦苦上一天班，刚想回家休息会儿，你就又来找我麻烦！""你可真没眼力见儿。"

案例 2 "自恋的施虐者"

玛丽是一名护士，也是一个男婴的母亲。大约十年前，她和瑞安初遇时，都才二十岁出头。当时，瑞安酗酒成瘾，她觉得他不适合自己，于是他们分手了，玛丽嫁给了另一个人。

在治疗期间，玛丽对我说，她和那个人离婚后，非常担心年龄越来越大会影响生育，正在这时，瑞安再次出现，对玛丽展开热烈的追求。两人重燃爱火，破镜重圆。这一次，瑞安承诺会做出改变。他表示很爱玛丽，想要和她一起建立一个幸福的小家庭。显然，他很清楚说些什么最能吸引玛丽，因为他知道，玛丽有多么害怕做不了母亲。相处不到一年，他们就结婚了。

婚后不久，瑞安就变了一副面孔。他又开始酗酒，还把自己的坏心情全都归咎于玛丽。每当她做出反抗，他都会重提他们分手的旧事。他不断强调自己被她抛弃后有多么恐惧，声称玛丽不如自己忠诚。就在他的嫉妒情绪愈演愈烈的时候，玛丽怀上了他们的第一个孩子。

儿子出生后，他们曾有过一段短暂的幸福时光，这给予玛丽虚假的希望。瑞安戒了大概两个月的酒，夫妻二人把所有的心思都集中在孩子身上。但好景不长，每当玛丽全心照顾孩子时，瑞安就开始争着引起她的注意。他喝的酒越来越多，撒的谎也越来越多。当玛丽就酗酒问题与他对质时，他总是矢口**否认**，即使车库里还扔着几个空酒瓶。瑞安说，她把他逼得太紧。因此，他不再帮助她收拾家务，家里变得乱七八糟。他便借此对她大喊大叫，骂她好吃懒做，根本不关心孩子的健康。

玛丽想要离开瑞安，但瑞安威胁她，如果她离开他，他就死给她看，还说这都是她的错。这样的冲突不断升级。终于，某天晚上，玛丽决定狠心离开。她刚把孩子带到车上，就听到一声枪响。她双膝一软瘫倒在地，害怕瑞安真的结束了自己的生命。她赶紧报警，警察发现瑞安还活着。事后，瑞安**转移焦点**，反而指责她"没事找事，把家里搞得这样鸡犬不宁"，还愤怒地责怪她找来警察，并声称如果自己丢了工作，那全是她的责任。

警察把瑞安送进了精神病院，两天后她去接他回家时，瑞安却指责她是一个坏母亲、糟糕的基督徒和不称职的妻子，还说如果她努力的话，这段婚姻本是可以挽救的。他们回家后，两人不确定是否还能继续做夫妻，却也没想好要如何分开。他将她的不安全感不断放大，直到她开始相信，他所说的话都是真的。

案例3 "善变的丈夫"

梅琳达来接受治疗是因为她出现解离①症状。她有长期的免疫问题，又来自重组家庭，在日常生活中承受着很多精神

---

① 解离，指个体通过切断自我与当下现实之间的联系，来逃避难以接受的思想和情感。它是一种心理防御机制。——编者注

压力。她和丈夫彼得带着各自的孩子一起组建了一个新的家庭。她的主治医生对她进行了医学诊断，并让她接受治疗。经过治疗，她的身体状况有所好转，但她始终无法确定心理压力的来源。在我们的治疗中，梅琳达向我形容她的感觉是"如履薄冰"，即受害者总在小心翼翼地察言观色，谨言慎行，努力不让情绪施虐者感到不安。她意识到，自己长期以来所承受的压力根源在于，她总在丈夫面前委曲求全，不断地试图讨好迎合他。

　　梅琳达的不安全感在这段婚姻开始之前就已经出现了，因为她在第一次离婚时，就背负着巨大的内疚感。正因如此，她才要更加努力地维系这段婚姻。彼得颇具魅力，谈吐得体，很有主见。两人发生冲突时，他总是反应更快的那个。他们经常爆发争吵，争吵的原因是彼得认为梅琳达不忠，比如梅琳达想独自去探望和她前夫的孩子，这对他来说是一种背叛。他**蔑视**她想见孩子的愿望，并指责她更在意孩子而不是他，还声称"我就永远不会这样对你"。当彼得对他们的某个孩子有意见时（这种情况经常发生），他就会告诉她，无论怎样，一个好妻子都会站在他这一边。如果她拒绝，他就会责骂她，或是对她实行冷暴力，以此作为惩罚。

　　彼得的行为实在令人困惑，因为他也经常用承诺和温存来感动梅琳达。他有时甚至会很体贴、浪漫。他知道她是一个敏感的人，如果他总是充满破坏性，这段关系就会立刻结束。他会用各种细节来说明自己有多爱她，还说服她，他之所以这么做，唯一的原因就是她对他来说实在太重要了。他会贬低她的感受，并在她表达沮丧时**转移焦点**，声称"我就永远不会**质疑你**"——尽管他经常这样做。然后他会试着通过身体上的亲密接触与她修复关系，即使她当时并没有兴趣。最重要的是，他永远不会道歉。

持续的情感虐待是施虐者精心策划的操纵循环。因此，尽管问题重重，梅琳达仍然觉得她不能离开这段婚姻。每隔几个月，梅琳达就像被设定了操作模式一样，又会因彼得间歇性的示爱和做出改变的承诺而回心转意。这让她再次燃起希望，重新集中精力，期待着解决他们之间存在的问题，殊不知，这些问题都是由彼得一手创造的。他的策略就是让她先产生兴趣，然后产生希望，接着又进入困惑、防御的循环。从目前情况看，这些策略相当成功。

总结与结论

打破虐待循环

在亲密关系中，操纵者时常承诺自己会做出改变，通过制造虚无缥缈的希望摆布受害者，这是施行煤气灯操纵的关键。受害者从压力中突然解脱出来时，可能会产生一种虚假的控制感，坚信操纵者是可以改变的。如果没有希望，这种关系也不可能一直延续。转移焦点和推卸责任是煤气灯操纵者用于攻击受害者的手段，也可以给被操纵者制造出虚假的控制感。被操纵的受害者可能会觉得，如果他们能够满足对方的所想所需，自己就有能力以某种方式"解决"这种困境。如此循环往复，他们便渐渐地失去了自我。

作为一名坚持创伤知情^①（trauma-informed）的治疗师，我在工作中接触过一些遭遇情感虐待的幸存者，因此经常被问道："一个人怎样才能知道他们是否处于虐待关系中？"其中一个最常见的迹象是，他/她是否感到自己对个人生活和自我认同失去了控制。本章所探讨的每一个案例中，主人公都放弃了她们想要的东西。萨拉放弃了工作机会，玛丽放弃了离开这个家独自抚养儿子的希望，梅琳达也放弃了探望和前夫生下的孩子的权利。在失去更多的自我之前，了解典型的虐待循环并做出明智决定是非常必要且有用的。

---

① 创伤知情，指医疗专业人员接触创伤病人时，以共情和更深的理解，去尽力保障病人心理安全的做法。——编者注

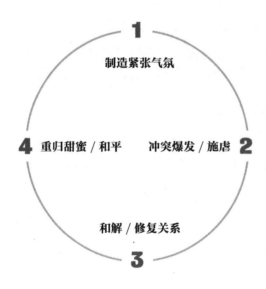

图 2　虐待循环的四个阶段

第四章

社会中的煤气灯操纵

虽然煤气灯操纵通常发生在个体关系层面，但当某一个个体或群体试图边缘化另一个个体或群体时，这种操纵也可能会发生在公共领域。那些让女性被剥夺权力的刻板印象会导致她们更容易成为社会煤气灯操纵的目标。社会中的煤气灯操纵会发生在各种公共领域，包括职场、学术界、政府、媒体、医疗机构和其他社会机构等。本章将具体探讨女性在社会各个领域被施以煤气灯操纵的案例，以及煤气灯操纵对这些女性个体产生的负面影响。

案例 1 "谷歌医生和孕妇"

利亚怀上第一个孩子时已接近三十五岁。她和丈夫结婚多年，一直想要一个孩子，现在终于成功，他们激动万分。但是，由于之前多次受孕失败和不幸流产的经历，夫妻俩对这次怀孕多了几分谨慎和担忧。

利亚认为自己的甲状腺疾病对怀孕过程产生了负面影响。上一次流产后，她对这种疾病进行了深入研究，并相信使用黄体酮栓有助于她顺利度过这次孕期。她觉得，这种药物对孕妇健康有益。

在孕六周时，她进行了一次孕检。利亚向医生表达了自己的担忧，医生却告诉她必须接受验血，并坚决拒绝在孕八周前给她开药。然后，他使用了**质疑**消息来源权威性的策略来否定她的提议，告诉她"不能依靠互联网来获取医学知识"，他"在大学学到的知识比谷歌医生专业得多"。对于医生开的玩笑，利亚却根本笑不出来，而是满脸担忧地坐在那里。医生向她保证，她只是太紧张了，这是很自然的。

整个就医过程都让她感到十分困惑。研究表明，越早开始用药，效果就会越好，如果等到孕八周后才开始用药，也许就会产生不必要的风险。尽管她一再坚持自己的主张，医生还是拒绝给她开出任何处方，只是让她去抽血，并告诉她两周后再来检查。利亚询问医生是否可以至少做一次超声波检查来缓解焦虑，因为她记得网上建议，孕妇在怀孕 6~8 周的时候，就可以进行第一次超声波检测。然而，哪怕利亚强调自己已经是高龄产妇，医生还是回绝了她的请求，说"现在还什么也看不出来"。

一周后，利亚开始出现轻微的出血症状。她赶紧打电话给医生，害怕发生意外。医生向她保证，在胚胎着床过程中发生轻微出血是正常现象（其实在这一阶段，胚胎应该早已完成了着床）。她恳求医生让她去做个检查，最后医生终于做出让步。这次检查，她让丈夫同行。

利亚坐在医生的办公室里等待时，感到非常紧张，胃里一阵一阵地恶心。利亚注意到，医生查看血液检查结果时，只和她的丈夫交流，这让她感到很不解，明明她才是那个怀孕的人。医生询问她的丈夫，是否应该给她开点黄体酮——仿佛她根本不在房间里。她的丈夫看了她一眼，不知道该不该帮妻子拿主意，然后又看了看医生，便同意了。

利亚和丈夫如愿在当天拿到了处方，并和医生约定接下来开始监测她的甲状腺水平。虽然利亚很开心自己的孕程有惊无险，但她还是感到一丝不快，因为医生并没有把她的意见当回事。

女性在医疗中受到的煤气灯操纵

医疗中的煤气灯操纵，通常发生在医疗专业人士用非专业性和个人主观色彩浓重的推断来淡化医疗症状的时候，这是许多女性会经历的一种社会煤气灯操纵。2019年，美国晨间谈话节目《今日秀》（Today Show）和网络调查公司调查猴子（SurveyMonkey）进行的一项调查显示，17%的女性认为自己在医疗保健中受到了不公对待，而男性的这一比例仅为6%。

不幸的是，许多女性在未成年尤其是青春期时就经历过医疗煤气灯操纵，当她们咨询避孕相关的问题时，就会被贴上行为不检、情绪化或滥交的不良少女的标签。希波克拉底誓言中"首先，不要伤害"的训诫中，也应该包含对这些年轻女孩的自尊、自我价值和情感发展的保护，但这一点通常没能真正实现。

古特马赫研究所（Guttmacher Institute）的调查数据显示，截至2023年，美国有九个州允许个人医疗服务机构拒绝向女性提供避孕服务。这项数据不断变化，最新进展可以在以下网址持续追踪：guttmacher.org/state-policy。比起为中年妇女和年轻女性赋权，让她们成为自己身体的管理者，这些体系更倾向于让别人替她们做决定。剥夺女性的身体自主权是一种危险的煤气灯操纵形式。如果

医疗机构和立法机构认定女性没有为自己做出正确选择的能力，这
难道不比给她们贴上"癔病"的标签更加可怕吗？

案例 2　"我了解我的孩子"

纳塔利娅是一位单亲妈妈，她的女儿索菲是一个美丽聪
明的混血孩子，刚上小学二年级，会说两种语言。纳塔利娅
说，她的女儿充满活力、健谈、富有冒险精神。母女二人非常
亲密，她每天晚上都会和女儿依偎在床上聊天。然而，纳塔利
娅离婚后一直在接受心理治疗，这场离婚让她身心俱疲。除此
之外，她还需要在养育孩子的同时，兼顾工作和在商学院的
学业。

纳塔利娅工作太忙，无法在索菲的学校活动中担任志愿
者，但她仍然尽力去做一个好妈妈。她会指导女儿的家庭作
业，并在不工作的时候带女儿外出游玩，倾尽所能地陪伴女儿
的成长和学习。

一天晚上，女儿睡觉前突然说她不想再去上学了。她从来
没有说过这样的话。当纳塔利娅向女儿追问原因时，女儿却拒
绝回答，并表示自己也"不知道为什么"。第二天，纳塔利娅

联系了老师，询问学校里是不是发生了什么事情。老师说，她觉得孩子一切都很好，没有任何异常。

一个月后，索菲对学校的抗拒越来越强，甚至出现胃痛和头痛。纳塔利娅意识到，这是儿童焦虑的典型表现。于是，她联系了心理辅导员希望进行咨询。心理辅导员同意与纳塔利娅会面，但建议纳塔利娅在会面之前先与孩子的老师聊聊。

索菲的老师已经在学校工作了几年，看起来有丰富的经验。但是，纳塔利娅发现，老师似乎更关注索菲的家庭状况，却几乎没怎么谈起索菲在学校的情况。纳塔利娅指出了这一点，并提出自己想弄清楚女儿为什么如此痛苦。此时，老师的态度发生了变化。她将矛头转向纳塔利娅，利用人们对单身母亲的**刻板印象**指责索菲家教缺失。

纳塔利娅感到十分困惑：为什么要强调孩子单亲家庭的情况呢？她的女儿在家里并没有表现出任何的负面情绪，问题都出现在她上学的时候。这位老师接着提到："当父母角色缺位时，孩子在学校的时光会更加艰难。不知你是否知道这一点，研究表明，当父母积极参与孩子的生活时，他们的孩子在同龄人中会变得更受欢迎和更加自信。"

纳塔利娅大吃一惊。老师刚才这番话，是不是将索菲在学校发生的问题全都归咎于她？老师对她提出的所有要点都不予回应，只是把责任全都推卸给她。和老师的谈话没有取得任何进展。那天晚上，纳塔利娅给辅导员发了一封电子邮件，表达了她的担忧。第二天，她收到了辅导员的回复，对方支持老师的观点，并提到自己曾经接触过"像纳塔利娅的女儿"这样的孩子。纳塔利娅恍然大悟。她意识到，自己的孩子非常善于察言观色，并且有敏锐的直觉，所以很可能同此时的她一样，感到被边缘化和被刻板印象打压。她才小学二年级，还没能学会如何用准确的语言描述这些问题。在别无选择的情况下，她们只得坚持继续完成这一学年的学习。好在纳塔利娅找到了一份新工作，她们很快就搬到了另一个学区。

第二年，索菲进入了一所新学校，兼容并包是这所学校的传统，其价值观与纳塔利娅的一致。第一天的课程结束后，纳塔利娅看到女儿面带灿烂的笑容走下校车，她松了一口气。问及女儿对学校的感觉，女儿回答说："妈妈，我爱我的新学校。我盼着明天快点来，我还要回去上学。"

案例3　"唯一的黑人学生"

梅拉妮从小就喜欢音乐。高中时，她是一名出色的鼓手。当她考虑去哪里上大学时，她只选择了一所位于多伦多的大学。在此之前，我们已经有了长达数年的合作治疗关系，讨论家庭创伤对她造成的焦虑问题。她的母亲是加拿大白人，父亲是非裔美国人。梅拉妮说，她对这两种文化都很认同，由于父亲是军人，她还曾随父亲在许多不同的地方工作生活过。

　　梅拉妮大学一年级开始的几周后，我们进行了一次面谈。她向我描述了困扰她的隐蔽的煤气灯操纵现象，并开始考虑自己在这所学校的去留问题。事情是这样的，她报名参加了一门音乐史课程，当老师对名家巨作进行回顾时，她发现，几乎所有有色人种创作的音乐作品都明显地被遗漏掉了。她注意到，课程安排中，有一周的重点内容是赏析古典爵士乐，但除此之外，本学期剩余的全部内容都与白人音乐文化有关。

　　治疗中，梅拉妮试图弄清自己对这个问题的复杂反应，她不确定自己到底该怎么办。治疗后的第二周，她的教授开始讲授爵士乐赏析课程。梅拉妮环顾教室发现，不仅这位在该大学任教近三十年的教授是一名白人男性，其他学生也都是白人。教授似乎也注意到了这一点。他一边讲课，一边不停地看向梅拉妮。有一次，他问在座的学生，是否有人听说过某位颇具影响力的爵士音乐家。没有人回答这个问题，于是，他停在她的座位前，直接问她："你呢？你听说过他吗？"梅拉妮感到身体突然一紧，一阵不适感涌上心头。她摇摇头，教授也没有再提问其他学生，而是直接继续讲课。

　　这堂课剩下的时间里，梅拉妮坐立不安。尽管教授并没有否定她，也没有直接发表任何关于种族的言论，但她就是觉得不太对劲。下课后，她故意慢慢地收拾书包。直到所有学生都陆续离开了教室，她走向教授，问道："你为什么只向我提问那个关于黑人音乐历史的问题？"教授眯着眼睛看她，感到不解。她继续说道："你好像是在把我从一群人中单独挑出来，我不认同这种做法。"说出自己的感受时，她深深地吐了一口气。教授停顿了一会儿，梅拉妮以为他理解了她的困扰，他却开始大笑，这让她很不舒服。他**否认**自己区别对待她，还谎称提问了其他学生。他说，他把所有的学生都"看成"是一样的人——这样的说法，更让人心生警惕，因为这进一步佐证了他存在的种族区别思想。

梅拉妮感到十分困惑：难道教授不是只点名她一个人来回答这个特定问题吗？教授继续说道，她如果在课堂上实在感到不舒服，可以选择退学。教授没有主动提议做出调整，也不愿承认或理解她的困扰，而是通过撒谎和责任转嫁，将问题的根源导向了梅拉妮。他知道她别无选择，因为这个课程是梅拉妮获得学位的必修课，而他是这门课的唯一教授。

在这学期剩下的时间里，梅拉妮都沉默不语。她曾经喜欢在课堂上畅所欲言，并对自己的想法充满信心。如今，她感到无所适从。她本打算把这个情况报告给学校里的辅导员，却突然想起系里的行政岗位也全部由白人担任，于是便放弃了。

案例4 "不必讨好的客户"

劳伦在一家公司兢兢业业地从事公关工作，二十年来，她把时间和精力都奉献给了这家公司。现在，她升至客户经理，负责监督和维护美国少数几家大型食品分销商的媒体形象。除了忙着为这些甲方公司处理公关危机，她还在自己的公司里管理着一支专业公关团队。

劳伦把工作放在人生的首位，还独自抚养着两个年幼的女儿。劳伦在工作和生活中都渴望去帮助他人、取悦他人和共情他人。她前来治疗的目的是疗愈家庭和离婚造成的创伤，以及学会优先考虑自己的需求。

一次，劳伦刚开始面谈就禁不住泪流满面，显然承受着非常大的压力。她的一位大客户由于负面新闻躲了起来，留下劳伦为他收拾残局。原本这是她的分内工作，她也具备恰当处理公关危机应有的能力。但她没有想到，这次工作竟会让她遭遇情感虐待。与媒体打交道是公关的职责之一，这次她要为这位客户撰写发布在大型媒体上的声明。劳拉特别用心地做了许多功课，拟出一篇措辞得体的文案。

当她将文案发送给客户审阅时，客户却回复了一封充满愤怒、厌恶和怨恨的电子邮件。他要求和她通电话，她一接起电话，客户便大骂她"愚蠢"，并指责她编造了在报告中使用的数字。他试图用"**拒绝沟通**"的策略推脱自己的责任，否认劳伦的智慧和正直的立场，让她质疑自己所撰写的文案的价值和意义。劳伦惊呆了。她只是在报告中客观地呈现事实。客户因为害怕真相被公之于众而指责劳伦编造数据是毫无道理的。他威胁说，如果劳伦用这个文案发表声明，他就会以诽谤罪起诉她。劳伦陷入了两难境地，在客户的情感操纵和揭示真相之间左右为难。她在想起那一刻的自我怀疑时，眼泪顿时涌上眼眶。

将一切按部就班地处理妥当后，劳伦意识到，这位客户对她能力的质疑毫无道理，她不应该成为他情感操纵的目标。尽管她意识到了这一点，但她担心如果自己说出全部真相，他会进行报复。于是，她决定在保证报告真实性的基础上，刻意地回避了部分内容。从那时起，她决定和这个客户保持距离，将他的项目委托给团队中的另一名成员，只在必要时才亲自参与其中。劳伦由此得以把注意力更多地放在工作以外的事情上，并且把工作和生活区分开来。

总结与结论

教会当权者倾听

控制既得权力往往是煤气灯操纵者的动机，社会中的煤气灯操纵也不例外。正如前文四个案例所示，当一个当权者被要求为他人的利益负责时，他们可能会被要求放弃自己的自豪感、地位和对权力的需求，以换取学习和成长的机会。在这四个个案中，问题都是从女性没有被倾听而开始的。她们的信息来源、心理复原力、高敏感度、身份认同和个人经历都受到了质疑和轻视。

史蒂芬·柯维（Stephen Covey）在他的畅销书《高效能人士的七个习惯》（*The Seven Habits of Highly effective People*）中强调了倾听的力量。根据柯维的说法，许多人都有为了做出回应才去听别人说话的习惯，而不是想要真正地倾听或理解对方。这样就会导致误解、冲突和缺乏同理心的后果，让发声的个体或群体感到被无视。

在诸如前文那些社会中的煤气灯操纵的例子中，当发现存在错误信息或缺乏资源和／或研究时，人们只要提出类似的语句——"我现在还了解得不够，让我先调查一下"，或者"你是这方面的专家，请告诉我更多信息"——多方面收集信息再做决定，就能有效避免被操纵的情况。诚然，这也要求当权者愿意公平地让渡自己的权力。在医疗健康领域，女性的平等发声可以改善未来女性的研究、知识和选择权。让更多的声音被听见，这个诉求同样适用于种族中的煤气灯操纵。黑人、原住民和有色人种女性长期受到以白人男性为中心的文化歧视和形塑，她们很难被看到和被理解。每个个体鲜明而生动的生命故事、经历感受和声音诉求都值得被倾听，而不能被忽视。而那些位高权重者应当既有专业上的自信，又有谦卑的心态。不同于社会煤气灯操纵者，好的当权者也是好的倾听者，能够帮助无助的人，也能够看到自己的不足。

勇敢面对社会中的煤气灯操纵

美国广播公司新闻的首席医学记者詹妮弗·阿什顿（Jennifer Ashton）探究了医疗煤气灯操纵对女性和有色人种的影响，分享了一些重要的建议。当你觉得医生不重视你的医疗问题时，你可以采用以下策略捍卫自己的权益。

- 记录症状日记，尽可能从发现问题那一刻开始记。
- 询问医生："如果你是出现这些症状的患者，你会向医生问哪些问题？"
- 尽可能集思广益，获取第二或第三种意见。

这些建议虽然是针对医疗煤气灯操纵提出的，但同样适用于其他情境，记录自己的经历，并征求其他不同背景下的人士的意见——比如，职场中的人力资源部门或学校里的辅导员——可以保护那些正在经历煤气灯操纵的女性。

第二部分

疗愈身心

你怎么爱你自己，就是在教别人怎么爱你。

——露比·考尔（Rupi Kaur），《牛奶与蜂蜜》（*Milk and Honey*）

本书的第二部分介绍促进疗愈的方法，包括修习正念、自我关怀、自我调节和自我接纳，提高自信，以及加强界限设定——这些都是疗愈煤气灯操纵和情感虐待的重要组成部分。

认知是改变的第一阶段，第五章和第六章将帮助你正视过往的创伤和情感虐待。随后，第七章将识别让你陷入困境的不健康模式，并鼓励你勇敢地做出改变，以促进疗愈和提升自我意识。

随着章节的推进，你可能会发现有些练习很有挑战性。慢下来，找到令自己舒服的节奏。请关注自己的感受，并设法完成自己的期望。疗愈是一段完全属于你的旅程，你可以按照自己的节奏和计划前进。

第五章

直面过往创伤

　　本章将帮助你理解关系创伤如何影响你的生活及整体健康和幸福。创伤可能源于个体的童年经历，形成代际传承，产生依恋创伤——例如，难以信任他人或自如地表达自己的需求。创伤会阻碍你形成健康的依恋关系，因此，本章还将探讨如何应对当前的依恋模式，以期在未来建立起更加安全的关系。在这一部分中，你将学习如何将所学知识应用在当前和未来的关系中。

大"T"创伤和小"t"创伤

发生威胁事件时，如果无法及时恰当处理，就会发生创伤反应。创伤事件是否会引发长期问题取决于以下因素：反击或摆脱威胁事件的能力、心理复原力、支持系统以及该事件是否会造成长期伤害（例如，失去所爱之人或自主性）等。通常情况下，不威胁人身安全的心理创伤被认为不具有"创伤性"，从而被轻视。对于这两种类型的创伤，寻求支持和治愈都非常重要——因此，了解受害者经历过哪种类型的创伤，有助于确认这些经历可能产生的影响，从而促进恢复和疗愈。下面的练习能帮助我们确定创伤属于哪种类型：小"t"创伤和大"T"创伤。

你将学到什么	你需要什么
· 如何识别关于创伤后应激障碍和心理健康的讨论中常被忽视的关系创伤； · 分辨小"t"创伤和大"T"创伤之间的区别。	· 保持放松和清醒的 10 分钟时间； · 当前和 / 或过往扰乱你生活的创伤记忆。

练习

越来越多的研究表明，创伤更多的是关于个体对自身经历的主观感知，而并不一定是事件本身的客观情况。极端事件中那些可能会压垮个体甚至危及生命的身体感觉、信念和思想，被称为大"T"创伤。虽然大"T"创伤可能更容易被认定为我们平时所理解的"创伤"，但它并不是创伤的唯一形式。作为一个平凡的个体，我们更容易受到日常生活中的小"t"创伤的折磨。小"t"创伤不涉及暴力或直接的灾难，但它们会造成像"被1 000张A4纸割伤"那样的痛苦。

下面是你可能经历过的小"t"创伤和大"T"创伤的事件清单。认识到你所忍受的一切，并知道如何给它们贴上标签进行分类，这是疗愈过程中作用强大的一步。

请认真阅读下列清单中的两列内容，并在你经历过的创伤事件旁边打个钩。你无须回忆任何和该创伤事件相关的细节（例如，你在遭遇某个创伤事件时还是一个年幼的孩子，后来被人告知曾经有过这段经历，但你并不记得任何细节）。请注意，关于创伤的记忆可能是碎片化的图像，或是一种身体感觉，而不是一个有开头、过程和结尾的清晰的故事。

小"t"创伤经历	大"T"创伤经历
□ 分手	□ 被性侵 / 性骚扰
□ 宠物离世	□ 自然灾害
□ 失业	□ 流离失所
□ 被霸凌	□ 目睹生命终结

（续）

小"t"创伤经历	大"T"创伤经历
☐ 被朋友拒绝	☐ 所爱之人离世
☐ 搬家	☐ 被身体虐待
☐ 无生命危险的身体伤害	☐ 儿童期被虐待／被情感忽视
☐ 被情感虐待	☐ 战争
☐ 被边缘化	☐ 暴力犯罪
☐ 被煤气灯操纵	☐ 严重车祸
	☐ 医疗事故

图 3　小"t"创伤和大"T"创伤经历清单

小"t"创伤造成的负面影响会随着时间推移不断凸显出来，以蚕食鲸吞的方式日益加深对个体的伤害。个体的压力越大，这些创伤就越会损害他们的复原力（应对困难的能力）。加强心理复原力练习——比如表达你对这些创伤的感受——可以减少它们的负面影响。

对于大"T"创伤，如果个体无法对创伤进行"反击"或"处理"，它所造成的影响就会进一步恶化成严重伤害。在第一个月内，创伤症状对所有幸存者来说都很常见。但在三个月后，如果个体的症状仍然持续存在，并妨碍其日常生活和／或人际关系，这意味着他们可能产生了创伤后应激障碍。在这种情况下，应当向专业医疗人士寻求进一步的支持和评估。

针对儿童创伤的童年逆境经历测评

童年逆境经历（Adverse Childhood Experiences，简称 ACE）研究是美国针对儿童创伤进行过的最大的调查项目之一。1995—1997 年，该项目调查了 17 000 多名原始参与者，并在此基础上形成了童年逆境经历量表（ACEs）。该量表至今仍被广泛应用于童年创伤的治疗，作为评估其对健康的影响程度的依据。许多临床医生和研究人员使用该量表来帮助评估患者的创伤水平和风险因素。这项调查统计了不同类型的虐待、忽视及致使童年不幸的其他因素，并发现这些童年逆境经历与个体未来生活中的身心健康问题之间存在明确的相关性。

ACE 量表得分不能全面预测你的未来，但可以作为具有指导性的参考。该量表不涉及你目前的生活方式，这意味着你未来的健康掌握在你自己的手中。

你将学到什么

· 儿童时期形成的创伤会对其未来的健康状况产生什么样的影响；
· 疗愈工具将如何帮助提高个体的复原力，以及如何减轻童年逆境经历的影响。

你需要什么

· 保持放松和清醒的 10 分钟时间；
· 关于某些（但不一定是全部）童年事件的记忆；
· 过往的日记（可选）。

练习

童年逆境经历量表

在你 18 岁之前的成长经历中，是否有以下情形：

1. 你的父母或家里的其他成年人是否经常或频繁地……

威胁你、辱骂你、伤害你的自尊或羞辱你？或者对你的任何行为导致你常常害怕会被对方进行身体伤害？

如果符合，请计 1 分 _____

2. 你的父母或家中其他成年人是否经常或频繁地……

推搡你、抓扯你、打你、抽你耳光或用东西扔你？甚至在你身上留下了明显的伤痕或伤口？

如果符合，请计 1 分 _____

3. 一个成年人，或一个比你至少大 5 岁的人是否曾经……

猥亵你或者让你抚摸他们的身体？试图或者真正与你进行口交、肛交或发生性行为？

如果符合，请计 1 分 _____

4. 你是否经常或频繁地感觉到……

你的家里没有人爱你，没有人认为你是重要的、特别的？
或者你的家人不会相互照顾、相互亲近、互相支持？

如果符合，请计 1 分 _____

5. 你是否经常或频繁地感觉到……

你没有足够的食物，只能穿脏衣服，没有人保护你？或者
你的父母总是喝太多酒，或者只忙于其他事情，根本没时间照
顾你，也不会在你生病的时候带你去看医生？

如果符合，请计 1 分 _____

6. 你的父母分居或离婚了吗？

如果符合，请计 1 分 _____

7. 你的母亲或继母是否……

经常或频繁地被推搡、抓扯、抽耳光或者被东西砸？或者
有时、经常或频繁地被踢、被拧、被用拳头或坚硬的东西殴
打？或者有过被持续殴打至少几分钟的情况？或者受到枪或刀
的威胁？

如果符合，请计 1 分 _____

8. 你是否曾经和酗酒或吸毒的人住在一起？

如果符合，请计 1 分 _____

9. 你的家庭成员中是否有人抑郁或患有精神疾病？是否有人曾经尝试自杀？

如果符合，请计 1 分 _____

10. 你的家庭成员中是否有人曾经进过监狱？

如果符合，请计 1 分 _____

现在，请将你所有"符合"的得分相加：_____

这就是你的 ACE 分数。

评分解释： 如果 ACE 量表得分为 1~3 分，且没有伴随其他健康问题（如严重过敏或哮喘），则存在毒性压力的可能性为"中风险"。如果 ACE 量表得分为 1~3 分且伴有至少一种与 ACE 相关的疾病，或者 ACE 量表得分为 4 分及 4 分以上，则存在毒性压力的可能性为"高风险"（这将可能会导致进一步的身体或心理健康问题）。

计算自己的 ACE 量表得分，这可能是一个会让你感到难受的过程，因为它涉及对过往创伤的具体描述。但请你记住，这份量表并未纳入你想要改善健康状况的主观能动性，而你为提高复原力所做出的努力，会对你的身心健康产生积极的影响。如果你选择通过辨识自己所经历的创伤来实践自我认同和自我关怀，那么你的 ACE 量表得分将会成为一种激励因素，来帮助你成为一个打破恶性循环的勇士。

你正处于创伤纽带之中吗？

美国全国家庭暴力热线的数据显示，受害者可能需要进行七次以上的尝试，才能最终成功地离开施暴者。问题的核心在于创伤纽带的存在，这是虐待循环的基本组成部分。虐待循环包括四个阶段：制造紧张、冲突爆发／施虐、和解／修复关系、重归甜蜜／和平（见前文图 2）。

创伤纽带存在于所有类型的关系之中，但它并不容易被识别出来。为了修复关系，施虐者往往会通过爱意轰炸来掩盖关系不良的一面。了解创伤纽带是什么样的，对于知道如何选择健康的关系以及如何结束不健康的关系来说至关重要。

你将学到什么	你需要什么
·创伤纽带是如何形成和存续的； ·如何识别创伤纽带的典型表现和特征。	·保持放松和清醒的 10 分钟时间； ·一些在关系中令你感到不适的记忆。

练习

以下问题代表了创伤纽带中存在的共同特征和情感体验。请花点时间如实作答，帮助自己从自我责难中解脱出来，并练习自我关怀。请在你选择的答案旁边打个钩。

1. 你是否发现自己对对方的感情在深爱和想念、愤怒和失望之间不断地重复交替？

是的，至少有时是这样的。□

不，从来没有。□

2. 你是否在对方虐待你的情况下，依然觉得自己无法回报对方的某些付出？（例如，对方是否为你的住房、教育、汽车或医疗保险支付了费用，或给予你其他经济资助？）

是的，至少有时是这样的。□

不，从来没有。□

3. 你是否觉得自己有责任去帮助对方成长，从而让对方成为更好的自己？如果有，在你没有获得成功时，你会感到愤怒或内疚吗？

是的，至少有时是这样的。□

不，从来没有。□

4. 你是否觉得自己要为对方的幸福负责，并担心如果你主动结束这段关系，对方会发生不好的事情？

是的，至少有时是这样的。□

不，从来没有。□

5. 你是否发现自己会通过找借口或大事化小的方式来掩盖对方的不良行为？

是的，至少有时是这样的。□

不，从来没有。□

6. 你是否觉得在对方身边时，自己必须"如履薄冰"才能让对方感到开心或是保持平静？

是的，至少有时是这样的。□

不，从来没有。□

7. 你是否怀疑过你现在之所以被对方消极对待或不得不接受治疗，都是过去或现在所犯下的错误导致的？

是的，至少有时是这样的。□

不，从来没有。□

8. 你经常感到内疚吗？

是的，至少有时是这样的。□

不，从来没有。□

9. 你是否想过或试图结束这段关系，但由于任何形式的恐惧（比如，害怕被抛弃、经济压力、孤独或担心其他人的想法）而没有成功？

是的，至少有时是这样的。□

不，从来没有。□

10. 你是否经常感到自己被对方控制（身体、情感、性、精神或经济方面）？

是的，至少有时是这样的。□

不，从来没有。□

如果你对三个或三个以上问题的回答是肯定的，那么你很可能就正在处于一段创伤纽带之中。此外，尽管在每种关系中这些创伤的严重程度各不相同，但即使只出现以上表现中的任何一个，也可能意味着存在潜在的创伤，从而导致关系中的安全感缺失或权力动态失衡。

创伤如何影响依恋模式

依恋理论最早由英国心理学家约翰·鲍尔比（John Bowlby）在 20 世纪 50 年代提出，此后美国心理学家玛丽·安斯沃斯（Mary Ainsworth）在鲍尔比的基础上对依恋理论进行了扩展。安斯沃斯主要关注母亲和婴幼儿之间的依恋模式，她把健康的依恋关系称作"探索世界的安全堡垒"。依恋理论的基础是，人类婴幼儿的天性是与照顾者保持亲密的连接。在《章鱼学会冷静》（*Anxiously Attached: Becoming More Secure in Life and Love*）一书中，作为亲密关系咨询师的作者杰西卡·鲍姆（Jessica Baum）表示，在我们可以"真实做自己"的关系中，"我们能够进入更深层次的存在状态，并发现被真正的自己所接受的快乐"。成年后，健康的依恋关系意味着我们能够在关系中得到需求的满足。安全型依恋的表现包括通过直接表达自己的所想所需，设定健康完备的人际界限，以及为自己选择值得信赖的人共度时光。建立更安全的依恋模式，能够减少个体对被抛弃的恐惧，从而增强个体的独立性和可靠性。

了解自己的依恋风格可以帮助你驾驭当前和未来的关系。鲍尔比确定了四种类型的依恋模式：**安全型依恋、焦虑型依恋、回避型依恋和混乱型依恋**。

安全型依恋表现为对需求和情绪的表达欲和信任感，同时也能让自己和对方在关系中保持自主性。

你将学到什么

· 四种主要的依恋模式；
· 创伤会如何影响我们的依恋风格；
· 安全型依恋的特点，从而让你知道如
　何更安全地依恋他人。

你需要什么

· 保持放松和清醒的 15 分钟时间；
· 反思自己是如何经营人际关系的；
· 纸和笔。

创伤可能导致的三种"不安全"依恋类型包括：

● 回避型依恋，可能表现为疏离或淡漠。当关系趋向亲
　密或脆弱时，也可能伴有焦虑。

● 焦虑型依恋，表现为执着于关注关系状态及对方的意
　图或感受。当个体被强迫性思维和无尽的担忧淹没时，
　这种持续的焦虑状态可能表现为矛盾心理。

● 混乱型依恋，常见于经历复杂的人际关系创伤后，表
　现为对亲密关系的恐惧或回避型反应，同时又极度害
　怕被对方抛弃。

当孩子的需求得不到满足时，他们会调整自己的行为以重
建亲密关系，即使这种方式并不能让其获益。举例来说，如果

安全型依恋	回避型依恋
焦虑型依恋	混乱型依恋

图 4　四种依恋模式

孩子的照顾者非常吹毛求疵，孩子在照顾者身边感到手足无措或缺乏安全感，他们就会由于担心自己"不被喜欢"，从而不敢与照顾者分享自己的感受。因此，这种情况下，孩子会表现得好像他们并不在乎照顾者的想法。反之，当他们产生强烈的情绪或不安全感时，他们会刻意回避对方。成年后，这种情况则表现为由于害怕被评判而不想在关系中亲近对方，或是拼命把那些想要亲近自己的人推开。若要用一些通俗的说法来形容这些难以建立起安全型依恋的人，那就是，他们似乎只对"态度冷淡"或是"欲擒故纵"的人感兴趣。

练习

　　以下是四种依恋模式各自具备的十大特征。请复盘你过去和现在的所有关系，并在每个类别中与你的情况最为相符的选项旁边打个钩。完成清单勾选后，统计每种模式下面的打钩总数。打钩数最多的模式，可能就是与你的情况最为相符的依恋模式。

安全型依恋

- ☐ 在亲密关系中感到舒适
- ☐ 既能在需要的时候安心依赖伴侣，又能在伴侣需要时给予依靠
- ☐ 接受伴侣独处的需求，而不感到被抛弃或有危机感
- ☐ 既能够亲密无间，又能够各自独立（"依赖—独立"）
- ☐ 能够信任、共情和包容差异
- ☐ 能够宽恕
- ☐ 能够开诚布公地表达情感和需求
- ☐ 能够及时回应伴侣的需求，并进行适当的自我调整
- ☐ 能够共同面对冲突
- ☐ 能够管理与依恋关系相关的情绪

总分 _____

回避型依恋

- ☐ 感情疏远，拒绝亲密，总是与伴侣保持一定距离
- ☐ 伴侣总是想要比你能给予的更为亲密的关系

☐ 认为亲密关系会让人丧失独立性，更喜欢自力更生
　　而不是相濡以沫

☐ 无法依赖伴侣，也拒绝被伴侣依赖

☐ 只愿意在理性层面进行沟通，当谈论情绪时会感到不适

☐ 完全避免冲突或激烈的情形

☐ 情绪波动不大（冷静、克制、隐忍）

☐ 喜欢独处

☐ 在危机中表现得很镇定；不情绪化

☐ 负责

总分 ＿＿＿＿＿＿＿

焦虑—矛盾型依恋

☐ 在亲密关系中充满不安全感，总是担心被拒绝或被抛弃

☐ 总是忙于维护人际关系

☐ 有缺爱表现，需要伴侣持续地做出保证和 / 或与伴侣
　　保持密切联系

☐ 过去未解决的问题会一直对现在的关系产生影响

☐ 对伴侣的情绪 / 行为高度敏感，将伴侣的行为进行个
　　人化的解读

☐ 高度情绪化，时常与人争论、好斗、充满愤怒、控制欲强

☐ 没有良好的个人界限

☐ 沟通的目的不是为了合作，而是自我保护

☐ 当感到不安全时会推卸责任

☐ 捉摸不透，情绪化，喜欢通过冲突与伴侣建立连接

总分 ＿＿＿＿＿

混乱型依恋

☐ 受到未解决的过往创伤影响，一直心神不宁

☐ 难以忍受关系中的情感亲密

☐ 喜好争辩

☐ 难以调节自己的情绪

☐ 通过虐待和不健康的互动方式，重复过往形成的关系模式

☐ 存在侵入性创伤记忆及其触发因素

☐ 一言不合就提出分手，以此避免产生痛苦

☐ 反社会人格，难以共情，不会悔恨

☐ 具有侵略性，待人苛刻

☐ 出于对受伤的恐惧，首先关注自己的需求

总分 ＿＿＿＿＿

请记住

- 依恋不是一种状态（状态是指在大多数情况下普遍存在的思维、感觉和行为的特征模式），相反，它是从过去的关系中习得的反应模式，也可能受到当前关系的影响。这意味着在安全的关系中，往往更容易形成安全型依恋模式。

- 虽然其他不安全的依恋模式是在过去的创伤性关系中发展起来的，但由于神经的可塑性，我们的大脑能自我重塑，并建立起新的连接。无论是信仰、习惯、新学到的技能，还是我们现在正在讨论的依恋风格，就像一刀一刀在石板上凿刻下文字那样，不断重复，就会让它们的痕迹越来越深。

- 斯坦福大学教授安德鲁·休伯曼（Andrew Huberman）根据研究提出，我们可以通过主动增加对新行为的关注，然后通过睡眠或包括冥想在内的非睡眠深度休息（Non-Sleep Deep Rest，简称 NSDR）来集中注意力，从而加强积极正向的神经网络建设。

- 不同的关系可能会形成不同的依恋模式。你如果拥有一段能给予你安全感的健康的关系，就会更多地表达自己的需求，从而形成安全型依恋。与之相对的，如果你的身边有一个煤气灯操纵者，他会轻视并打压你的感受，还会在犯错误时推卸责任，那么，你就会出现各种常见的心理防御机制。当一段有毒关系中出现冲突时，你通常会采用过往关系中让你感到安全的依恋模式。

- 当我们感到受到威胁或刺激时，我们的心理防御机制也可能会随时出现在健康的关系中。与他人分享你的依恋风格并在产生防御反应时与对方进行沟通，这将有益于维持健康的关系。例如，告诉你的伴侣，当你感到窒息时，你可能会希望他们远离你。当然，你可以通过积极正向的方式来要求获得适当的个人空间，而不是去责难对方。

- 阿米尔·莱文（Amir Levine）和蕾切尔·赫尔勒（Rachel Heller）在其开创性著作《关系的重建》（*Attached: The New Science of Adult Attachment and How It Can Help You Find-and Keep-Love*）中提出，某些依恋风格并不能和谐共存，尤其是焦虑型依恋和回避型依恋。这两种依恋模式具有相互矛盾的特点，很可能互相看不惯对方。一段关系中，当拥有这两种依恋模式的个体发生冲突时，双方都会感到不安全并出现应激反应，从而很难建立起稳定、安全和彼此信任的连接。

主观痛苦感觉单位量表

不安全感或状态失调不利于个体从创伤中恢复。创伤会被储存在身体里，因此个体在经历创伤后，身体会对压力更加敏感。和创伤反应相关的身体症状可能由随机的诱因触发。认识到所有创伤反应都有终结之时，是应对这些症状的一种强有力的方式。

主观痛苦感觉单位量表（Subjective Units of Distress Scale，简称 SUDS）于 20 世纪 50 年代由心理学家约瑟夫·沃尔普（Joseph Wolphe）创建。SUDS 是一种范围从 0 到 10 级的量表，用以测量个体当前体验到的困扰或痛苦的主观强度。SUDS 可以帮助确定创伤反应的强度，同时深入了解哪些触发因素会引发身体更强烈的痛苦。根据我的亲身实践，我建议对痛苦程度评级为 4 级或 4 级以上的测评对象使用着陆策略，帮助他们稳定情绪，或采取应对策略解决具体问题。所有高于 7 级的情况需要更高强度的专业干预或外部支持。

你将学到什么

· 与痛苦和创伤反应相关的常见身体症状；
· 如何使用 SUDS 来提高面对压力的感知力和复原力。

你需要什么

· 保持放松和清醒的 10 分钟时间；
· SUDS；
· 纸和笔。

练习

使用下面的 SUDS 来帮助可视化你的主观痛苦感觉单位。主观感受上的痛苦对每个人来说都不一样，面对同一个事物，可能对某些人来说是致命的触发器，而对于另一些人来说无足轻重。在这个练习中，我们需要从 0 分开始，逐级确定什么感受或经历会让你将其与主观痛苦感觉联系在一起（例如，0 分可能是冥想或打盹儿）。当你逐级向上看时，请注意分数不要一下"跳"得太快。例如，你也许最初把与同事发生冲突打上 70 分，但当考虑到其他更能引发激烈情绪的经历（比如失去亲人）时，你可能又得回头去降低前一个例子的评级分数。当然，这是很正常的，它可以帮助我们深入了解自己的主观痛苦感觉。对于那些经历过创伤的人来说，他们的痛苦承受能力已经受到了负面影响。因此，那些在外人看起来应该评级较低的事情（比如上班迟到），都可能引发他们比预期更为强烈的心理反应。

你在创建自己的主观痛苦感觉单位量表时，要友善、温柔地对待自己，并在这个过程中保有好奇心。如果这个过程开始变得困难，请在完成第八章和第九章中的建立自信和自我关怀练习后，再回到这个练习上来。

痛苦的身体体征（以及常见的身体创伤反应）包括：

- 出汗

- 心跳加重，浑身颤抖

- 呼吸急促、不规则和 / 或无法深吸气

- 身体躁动不安（不停踱步、紧咬牙关、肌肉紧张）

- 胃部不适 / 食欲不振

- 困惑和 / 或身体和周围环境的解离感

- 精疲力竭

图 5　SUDS

现在，你已经创建出属于你自己的SUDS，并且可以在未来面对压力状况时将其用作参考。请问问你自己：此刻我的SUDS得分是多少？如果你觉得分数接近40分，请尽快采取应对策略。这些应对策略包括：呼吸练习，心理着陆技术（比如从10开始倒数，或是把注意力集中在周围你能看到的物品上），通过运动（比如，做俯卧撑、散步、往脸上泼点冷水、跳舞等）来释放身体的紧张感，休息一下。在得分水平较低甚至低于40分的情况下进行干预，能够有效管理压力，避免潜在的创伤发生。

请记住，不存在所谓的"终极痛苦"，压力也是如此。但是，关注你的痛苦在何时开始减轻（从SUDS分数较低的部分可以推导出），有助于你辨识压力的开始、过程和结束。

总结与结论

承认创伤经历

正如心理治疗师瑞斯玛·梅纳肯（Resmaa Menakem）所言："一个人的创伤，随着时间推移，故事背景淡去，就成为了这个人的个性。一个家庭的创伤，随着时间推移，故事背景淡去，就成为了这个家庭的特征。一个民族的创伤，随着时间推移，故事背景淡去，就成为了这个民族的文化。"

　　作为女性，我们在与别人的关系中肩负着诸多责任，却往往忘记了与自己的关系也是同样重要的。通过探索你当前或过去的压力来源和创伤事件，认识到是什么触发了你的创伤反应，这是深入了解你当前的人际关系、心理健康状况和自我意识的有力方式。虽然反思过去并非易事，但识别并承认自己所经历和克服过的一切，可以帮助你更好地总结过去，重建未来。在煤气灯操纵者质疑、轻视或打压你的过去时，这一点尤为重要。

　　受梅纳肯的启发，我想将这个句式扩大应用到关于女性的叙事：一些女性的创伤，随着时间推移，故事背景淡去，就成为了这个性别的定义。但我更想说，我们不是创伤本身，我们只是经历过那些创伤。

第六章

捍卫你的感受

煤气灯操纵是一种情感虐待，其目的是让你崩溃，但本章中的内容将会帮助你振作起来。本章中提供的方法将帮助你捍卫自己的感受，设定健康的界限，并收回你想要的和应得的东西。你还将学会解决冲突的有效方法，以及如何在面对煤气灯操纵时坚定地维护自己。此外，本章将帮助你正视自己遭遇煤气灯操纵的经历，从而让你能够在未来识别和阻止进一步的煤气灯操纵。

识别情感虐待的形式

情感虐待包括所有试图向受害者进行控制、孤立、操纵、威胁或灌输恐惧的行为。某些形式的情感虐待可能十分明显，而另一些则可能较为隐蔽，它们会随着时间的推移而不断发展加深。情感虐待和身体虐待不同，前者的意图是伤害他人的思想和感情。能够觉察和识别出自己正在经历情感虐待，是保护自己免受其害的有效方法。

你将学到什么

· 如何识别各种形式的情感虐待；
· 如何区分健康的表达和辱骂性表达。

你需要什么

· 保持放松和清醒的 10 分钟时间；
· 一些在过去或现在的关系中值得反思的记忆；
· 纸和笔。

练习

在这个练习中，你需要反思一段自己在关系中遭遇潜在情感虐待的经历。（如有必要，你可以重复进行这项练习来对其他关系进行探索。）我们将情感虐待分为四类：贬损—批评，控制—羞辱，指责—抱怨，忽视—孤立。在后文中，我对每一类情感虐待的潜在激励因素都进行了简要描述，并列举具体例子来分析这种特定形式的情感虐待。

- 直接在本书中写下或圈出你在当前或过去的关系中，可能经历过的任何形式的情感虐待。

或

- 在一张单独的纸上列出你所经历过的任何操纵手段。
- 确定每个类别中有哪些与你的经历相符的内容。

贬损—批评

这些手段策略会攻击受害者的自尊和自我价值。其手段包括：

- 辱骂和起贬损性的外号
- 人身攻击
- 重提过去的错误
- 专注于你的失败
- 大喊大叫
- 贬低
- 公开你的窘迫
- 不屑一顾
- 拿你取乐
- 侮辱你的外表
- 取笑你的兴趣

控制—羞辱

这些手段策略旨在获得并维持权力和对受害者的控制，同时向受害者灌输"不配得感"。其控制方法可能包括：

- 威胁要伤害你或你爱的人
- 监控你的行踪
- 监视你的网络使用记录
- 煤气灯操纵
- 替你做出所有决定
- 控制你的财务
- 将你的内疚感作为武器攻击你
- 不停向你说教
- 在你身边命令你
- 频繁且毫无原因的情绪爆发
- 假装无助
- 对你忽冷忽热
- 离开或威胁要离开
- 阻碍（将你拒之门外并忽视你）

指责—抱怨

这种手段策略旨在让施虐者能提升自己在关系中的地位，从而维持他们绝对控制的权力。其手段可能包括：

- 毫无根据的嫉妒
- 否认虐待行为

- 将你的内疚感作为武器攻击你
- 苛求伴侣完美无缺
- 责怪你过于敏感

- 弱化你的感受
- 将他们的问题归咎于你
- 故意制造问题并对此予以否认

忽视—孤立

这种手段策略旨在将你与你的支持网络隔离开来，因此你不得不优先考虑操纵者的需求并忽略自己的需求。其手段可能包括：

- 拒绝眼神交流
- 阻碍你的社交
- 无视你的界限
- 使用冷暴力

- 贬低你的感受
- 压制你的感情
- 切断一切沟通
- 努力让别人反对你

- 在你需要的时候，拒绝予以支持并打击你的士气
- 当你的注意力不在操纵者身上时，打断你正在做的事情
- 在你和你的家人之间插一脚

将你所遭遇的虐待与以上例子一一比对后，回答以下问题。

我要反思的人或关系是：

_____

_____

这个人在情感上虐待我的方式是：

_____

_____

我现在对这种虐待的感受是：

_____

_____

你可以选择用以下语句来结束这次反思：

我认识到这种经历是情感虐待，如果有必要的话，我应该寻求支持、帮助或庇护。

如果你害怕对方施行身体暴力，尽可能躲到一个安全的地方。如果你当下没有危险，但你认为自己需要与他人交谈，你可以拨打心理咨询热线，寻找能够提供帮助的资源。你也可以拨打当地紧急服务电话以寻求帮助。

识别潜在的依赖共生模式

觉知是勇敢走向自我赋权的第一步，从而让相互依赖模式难以为继。这一部分提供的方法有助于增加我们对相互依赖方面常见问题模式的认识。

"依赖共生"①（Codependency）这个词描述的是个体与另一个人之间强烈而不健康的连接——这种连接往往以牺牲自己的需要和健康为代价。这是问题的一部分，但远不止于此。当有人因为受到煤气灯操纵和情感虐待而处于低自尊时，他们就会面临更大的陷入依赖共生的风险，也更可能会永远优先考虑他人而忽视自己的需要。因此，依赖共生模式是有害的，可能对个体造成生理和心理的损伤。

但依赖共生并不总是消极的。在某些关系中，高度的依赖共生是健康的，例如母亲和婴儿的关系。但随着我们的成长，发展自己的个性才是健康的。当一段依赖共生的关系阻碍了自我赋权，其结果只能是损害我们的自尊、自信、心理健康甚至是身体健康。

识别出一段依赖共生的关系或个体依赖共生模式，可能让

---

① 依赖共生是指两个人之间相互依赖的现象，这种关系可能出现在母子之间，也能出现在伴侣之间。一方由于一些原因需要依附他人，而另一方则强制性地照顾他们，依赖于他们对自己的依赖。这是一种病态的共生关系。——编者注

人一时间难以接受。我的来访者会表示，她们对自己的行为感到"尴尬"。记住，依赖共生并不能定义你是什么样的人；它只是你在不健康的关系和环境中发展出来的应对技能。

你将学到什么	你需要什么
·煤气灯操纵和情感虐待如何塑造依赖共生的关系； ·典型的依赖共生模式； ·如何为依赖共生提供支持。	·保持放松和清醒的 20 分钟时间； ·纸和笔。

练习

以下自助清单来自依赖共生匿名互助会（Co-Dependents Anonymous, 简称 CoDA.org）。该组织成立于 20 世纪 80 年代，是"一个以发展健康和友爱的关系为共同目标的团体"。它是为十二步骤小组 ① 的新成员提供的自助工具，用来帮助他们进行自我探索和自我发现。

请逐一对照本清单的内容，在与你状况相符的特征旁边打

---

① 十二步骤小组，指按照匿名戒酒者协会的十二步骤方案或该方案修改版组织起来的互助小组。组织原则是"十二惯例"，要求匿名、采取非政治立场和非等级性的组织结构。——编者注

个钩，或是单独用一张纸来列出所有与你相符的条目来创建属于你自己的清单。你如果发现你和你的经历与以下某种模式相符，可以在依赖共生匿名互助会上寻找更多相关资源。

　　一旦你确定了自己的潜在模式，就可以从其他有过类似经历的人那里获得支持。你可以通过寻找线上或线下的互助小组，进一步了解相关信息，并通过相互支持获得疗愈。

依赖共生的模式与特征

　　以下自助清单是帮助你进行自我评估的工具，它对第一次接触到这个概念的读者来说尤为有用，因为他们刚刚开始认识和理解什么是依赖共生。这个自助清单同样也适用于那些已经疗愈了一段时间的读者，帮助他们确定自己仍然需要对哪些特征保持关注并做出转变。

拒绝模式

依赖共生通常会表现为：

- 难以识别自己的感受。

- 淡化、改变或否认自己的真实感受。

- 认为自己大公无私，为他人的福祉奉献自己。

- 对他人的感受和需求缺乏同理心。

- 给他人贴上负面标签。

- 认为自己可以在没有他人帮助的情况下照顾好自己。

- 以各种方式掩饰自己的痛苦，如愤怒、幽默或冷漠。

- 以间接和被动的方式表现自己的消极性或攻击性。

- 不在意自己喜欢的对象是否处于其他关系中。

低自尊模式

依赖共生通常会表现为：

- 难以做出决策。

- 对自己的想法、言论或行为进行严厉的批判，觉得自己永远不够好。

- 不好意思接受认可、表扬或礼物。

- 重视他人对自己想法、感受和行为的认可，而不是自己对自己的认可。

- 不认为自己有吸引力或有价值。

- 寻求他人的认可和表扬以克服低自尊感。

- 难以承认自己的错误。

- 需要在他人眼中表现得正确，甚至可能为了维护面子而撒谎。

- 无法识别或了解自己的所想所需。

- 认为自己高人一等。

- 向他人寻求安全感。

- 难以开始、准时提交和完成项目。

- 难以为自己设定健康的优先级和界限。

顺从模式

依赖共生通常会表现为：

- 即使在有毒环境中，也会保持长期的高度忠诚。

- 自己的价值观和正直不断妥协，以避免遭到拒绝或惹人愤怒。

- 为了服务他人，把自己的利益放在一边。

- 对他人的感受高度敏感，并全盘接受和承担这些感受。

- 当自己与他人不同时，害怕表达自己的信念、观点和感受。

- 想要获得爱时，接受他人的性关注。

- 做决定不考虑后果。

- 为了获得他人的认可或避免做出改变，放弃寻求真相。

控制模式

依赖共生通常会表现为：

- 认为他人没有能力照顾自己。

- 试图说服他人该怎么想、怎么做或怎么感受。

- 在他人没有提问的前提下，主动给出建议和指导。

- 当他人拒绝自己的帮助或建议时，会心生怨恨。

- 对自己想要影响的人，慷慨给予礼物和恩惠。

- 利用性关注来获得他人的认可和接受。

- 为了与他人建立关系，必须感到自己被需要。

- 要求他人满足自己的需求。

- 用个人魅力说服他人，让他们相信自己有爱心和同情心。

- 利用责备和羞辱在情感上剥削他人。

- 拒绝合作、妥协或谈判。

- 采取冷漠、无助、权威或愤怒的态度来操纵结果。

- 试图使用一些心理治疗的专业术语，控制他人的行为。
- 假装同意他人的意见，以得到自己想要的东西。

回避模式

依赖共生通常会表现为：

- 采取会招致他人拒绝、羞辱或愤怒的行为模式。
- 粗暴地评判他人的想法、言论或行为。
- 避免情感、身体的亲近或性亲密，以此来保持同他人的距离。
- 对人、地方和事物成瘾，以分散自己在关系中对亲密需求的注意力。
- 使用间接或回避性的沟通来避免发生冲突或对抗。
- 拒绝疗愈，从而削弱自己建立健康关系的能力。
- 压抑自己的感受或需求，从而避免受到伤害。
- 主动接近他人，但当他人靠近时，又把他们推开。
- 拒绝放弃自我意志，避免向比自己更强大的力量投降。
- 认为流露情绪是软弱的表现。
- 不愿表达感激之情。

"亲爱的人"冲突解决法

在解决冲突的过程中，信心对于逃离煤气灯操纵来说至关重要。因为煤气灯操纵者只有在对他们的操纵目标具有强大影响力时，才能更容易对其施行操纵。"亲爱的人"（DEAR MAN）是辩证行为疗法中的一种技能。该技能由心理学家玛莎·林内翰（Marsha M. Linehan）开发，帮助我们在面对激烈的情绪和冲突时保持与他人的健康连接。这项技能帮助你确认自己真正想要什么，并让你在不管对方反应如何的情况下都能保持自我判断，为你提供一个自信的框架。

你将学到什么	你需要什么
· 如何在冲突面前更加自信； · 如何使用辩证行为疗法中能帮助你实现目标效能的"亲爱的人"，从而在解决冲突的同时，建立并保持自信。	· 保持放松和清醒的 15 分钟时间； · 一段用于练习的过去或现在的冲突经历； · 纸和笔。

练习

请你在阅读"亲爱的人"的示例和指南后，选择一段你过去或现在经历过的个人冲突，并创建属于你自己的"亲爱的人"句式。

冲突示例

你有一个朋友，总是会在最后一刻取消计划。

- **描述情景**（Describe）：我注意到，你最近取消了三次我们一起出去玩的计划。
- **清楚表达**（Express）：这让我感到很沮丧。
- **勇敢要求**（Assert）：我希望你确定可以去玩之后再提出计划。
- **强化对方**（Reinforce）：我敢保证这样我们会更多地聚到一起，还会玩得很愉快。
- **聚焦目标**（Mindful）：当我说话时，我会让自己均匀和缓地呼吸。
- **表现自信**（Appear Confidant）：我会确保自己说出的话不要太软。
- **协商妥协**（Negotiate）：我会告诉他，我可以接受至少提前两天取消计划，这样我就可以制订其他计划了。

亲爱的人

"描述情景" 是指描述情况，只讲事实，不做评判。

使用诸如"我注意到""我看到""我听到"之类的语句表明你对现实状况有所观察，并补充有关情况的细节，但不要添加太多主观评判，要保持客观。

"清楚表达" 是指用"我"作为主语来表达自己的感受。

注意不要使用自己的感受去指责对方，比如"我觉得你不尊重人"，而是只表达自己的感受，如"我感受到了不尊重"。

"勇敢要求" 是指直接说出你想要什么，或者非常明确地说"不"。

例如："我想要……""你能不能……"

"强化对方" 是指去强化那些有利于让对方倾听、改变或至少理解你的意图的积极因素。

"聚焦目标" 是指要关注此时此刻自己的感受。

如果你感到分心，就请将注意力集中在自己的呼吸上，并用心觉察周围环境中发生的一切。如果对方充满了防御性，请尽力让谈话保持在正轨上。

"表现自信" 是指，无论此时你的内心感觉如何，都请你通过眼神的交流、开放的肢体语言和清晰的语调来帮助你表现出自信（参见第八章中的"高能量姿势"）。

"协商妥协" 是指愿意听取对方的观点，并在可能的情况下调整你的要求并进行协商。（除非对方对你进行情感虐待或是煤气灯操纵。）

你的冲突

_____

_____

描述情景：_____

清楚表达：_____

勇敢要求：_____

强化对方：_____

聚焦目标：_____

表现自信：_____

协商妥协：_____

请你记住

● 一段自信有力的声明不意味着咄咄逼人。在你态度明确但又不充满攻击性地进行表达的时候，"亲爱的人"

技能才会更为有用。

- 并非所有人都会同意、回应或尊重"亲爱的人"的声明。如果发生这种情况，请使用"破唱片法"，即通过再次重复"亲爱的人"的声明，来重申你的请求或界限。你在表达请求时需要保持专注和坚定，这样别人就不能轻易地操纵你的情绪，从而也使你不会轻易地受到煤气灯操纵的影响。当你发现别人对你进行煤气灯操纵时，你就要努力摆脱冲突，进行自救。

- 当你第一次练习"亲爱的人"这项技能时，你可以先按部就班地熟悉整个流程。随着你越发积极频繁地尝试它，你就会越发熟练自然地使用这项技能。

- 没有必要按照固定的顺序使用"亲爱的人"技能。例如，如果你想要在"描述情景"之前先进行"清楚表达"，那也是完全没有问题的——只要你能尽可能地做到所有要点。

女性的界限设定

你在设定界限时，认识到这种界限会带给你什么样的感受是很有帮助的。当你为并非应由自己承担的责任感到内疚时，这种毫无根据的"罪恶感"通常与设定界限息息相关。对于煤气灯操纵的受害者来说，为自己设定界限就好像是一件错事。事实恰恰相反。设定界限有利于关系的健康，因为它可以促进亲密关系的健康发展，并防止由越界行为造成的怨恨。

你将学到什么	你需要什么
·如何勇敢说"不"； ·面对情感虐待，设定界限的重要性； ·帮助有效设定界限的常用语句。	·保持放松和清醒的15分钟时间； ·纸和笔。

练习

首先，需要识别出你设定界限时的身体感觉和想法。

设定界限时，我的身体感觉是：（紧张、压力、出汗等）

_____

_____

我与设定界限相关的观念或想法包括：

_____

_____

以下是设定界限的常用语句，它们表达了坚定或灵活的界限。

以下设定灵活界限的语句承认了对方意见的部分有效性，并允许对话继续进行。但灵活并不意味着你会退缩，而是要求你在坚持自己的同时，以一种开放的姿态进行合理协商。

- "我尊重你的意见，但我也有自己的意见。"
- "对不起，我没有时间。"
- "这对我不起作用。"
- "我在这里不得不打断你一下。"
- "我很感激你的建议，但我会尝试其他方法。"
- "虽然我不能 _____，但我愿意试试 _____。"
- "我们看待事物的方式不同。"
- "如果你不同意或不理解我的感受，没有关系。"
- "虽然我很想答应你，但我担心自己做不到，会失信于你。"
- "我希望你尊重我的界限。"

以下是设定明确界限的常见语句。当有人曾经无视你的界限，或不尊重你所给出的界限时，你就可以使用这些语句坚定地捍卫自己的立场。以清晰而谨慎的语气表达这些语句最为有效。

- "我没有时间。"

- "我不想这样。"
- "不!"（这是一个完整的句子，无须进一步解释！）
- "这对我不起作用。"
- "我不同意。"
- "我不会这么做。"
- "请停止。"
- "我不会改变主意。"
- "我不会再谈这个问题。"
- "我做不到。"

读完这些用于设定灵活的或是坚定的界限的语句，请从你过去或现在的经历中，找出一个需要设定界限的冲突事件。请你在下面的横线上，写下这个冲突事件是什么，然后写下你为此设定界限的语句：

_____

_____

请你记住

设定界限并非总是令人愉快的事，尤其是当你还没习惯这样做的时候。首先，请与你认为安全的人进行练习，以增加你对设定界限的适应性。我曾遇到过这样一个来访者，她最初设定的界限仅仅是要求"用纸袋替换塑料袋"。她原本非常害怕惹恼自己生活中接触到的任何人，因此决定从向杂货店的收银员提出要求开始练习。这个在生活中看似微不足道的要求，帮助她开了个好头，让她在未来生活中遇到更有挑战性的关系和情况时，都能有信心迎难而上。每设定一个界限，都是一次自我关怀和自我赋权，都值得我们去赞颂和欢庆！

情感的个体性与宜人性

　　下面提供了练习情感个体性的关键方法，通过这种方法可以实现个体的自主性，帮助受害者从情感虐待和煤气灯操纵中恢复。具有高度宜人性的个体往往热情、友好、圆融。然而，过度的宜人性可能是"讨好"型创伤反应。作家兼心理治疗师彼得·沃克（Pete Walker）在其著作《不原谅也没关系：复杂性创伤后压力综合征自我疗愈圣经》（*Complex PTSD : From Surviving to Thriving*）中为"讨好"进行了辩护。他认为，"讨好"是一种试图通过取悦他人或避免冲突来维持安全感的行为。长期的"讨好"行为会导致依赖共生问题。煤气灯操纵者给予受害者有条件的爱和接纳，从而让受害者觉得自己必须讨好对方才能被爱。这就会侵蚀他们情感的个体性，因为情感的个体性通常会导致他们与操纵者的关系出现问题并变得紧张。当操纵者攻击受害者的自我认同并影响他们内在的自我对话方式时，捍卫自己情感的个体性是受害者收回自我认同的一种重要方式。

你将学到什么

· 什么是情感的个体性，为什么它很重要，以及如何实践它；
· 为什么持续的宜人性会导致依赖共生问题；
· 如何实现独立，并强化你的自我认同。

你需要什么

· 保持放松和清醒的 10 分钟时间；
· 纸和笔。

练习

　　缺乏情感的个体性，会使你更有可能依赖他人的意见来形成自己的观点。这个世界上有 80 亿人，每个人都可能抱持着不同的观点，所以你不可能取悦所有人，也不可能让所有人都同意你的观点。能够拥有自己的观点是健康的、迷人的、有力量的且令人兴奋的，这是你作为一个女性应当拥有的无上权力。

　　要把这个概念付诸实践，你得花点时间研究一下，自己到底有多么的与众不同。请你填写以下清单，厘清自己喜欢和不喜欢的东西，从而"重新认识"自己。

你最喜欢的……

食物：_____

电影：_____

音乐：_____

度假地点：_____

颜色：_____

其他你最喜欢的东西：_____

你不喜欢的……

宠物：_____

食品：_____

音乐：_____

颜色：_____

度假地点：_____

其他你不喜欢的东西：_____

接下来，请回忆一段你无法表达自己观点的经历。请你想象一下，如果你可以不计后果、随心所欲地表达，你会对另一个人（或一群人）说些什么：

_____

_____

继续你的情感个体性实践

以下是一些能够帮助你继续深化情感个体性的建议。

- 当有人询问你的偏好意见时（比如你想在哪里吃饭，想看什么电影等），你即使在当时感到犹豫不决，也请花点时间想一想答案。因为这是一次你实践自己情感个体性的机会。

- 如果一个安全的人表达某些你并不赞同的观点时，请深呼吸，并提醒自己："我的观点是有价值的，分享它是安全的。"

- 请你对目前的人际关系进行评估：你觉得在这些关系中，是否能够安全地表达自己。同时，确定这些关系是否是你想要全心投入的关系。

- 请记住，重复练习是熟能生巧的关键。我们中的一些人从小就被训练成"随和"的人，这可能是一个很难纠正的习惯。但随着你越发积极、频繁地尝试，你就会越发熟练、自然地使用这项技能。

如果你觉得自己具有"讨好型人格"，你可以用这样的"咒语"来帮你打破困境：

我不可能被所有人喜欢。

让自己停止在意别人的看法几乎是不可能的。作为人，我们都希望被自己的集体所接受。但你可以多念念这句"咒语"，换一种思维模式，不再习惯于曲意逢迎他人。你就是你，无可取代。

事实跟踪

当你不再试图讨好他人并拥有自己的主见时，煤气灯操纵者可能会让你觉得自己是个"坏人"。他们甚至可能强调你是"坏的""错的"而他们是"好的""对的"，来让你进一步加深对自己的怀疑。这是一种常见的煤气灯操纵策略，其目的就在于削弱你的现实感。但令人欣慰的是，事实跟踪是一种能有效对抗这种煤气灯操纵策略的方法。以下方法能为你创造一个思考的空间，提醒你反思自己曾经历的一切，并为未来设定必要的界限绘制蓝图。

你将学到什么

· 如何重新检查或持续跟踪在你身上使用的煤气灯操纵手段策略；
· 如何再次确定你的记忆和经历；
· 如何收集法律认可的证据信息。

你需要什么

· 保持放松和清醒的 15 分钟时间；
· 纸和笔。

练习

事实跟踪是一种能有效对抗煤气灯操纵的方法，包括保存短信、电子邮件、语音消息等，甚至你可以记录操纵者让自己感到不快或困扰的言行。事实跟踪的目的不是与操纵者分享信息——因为他们可能会将其作为武器来对付你——而是帮助你维持自己的现实感。收集到的信息有可能成为关键证据，帮助你在法律诉讼、支持系统和权威人士面前陈述事实（比如在职场中遭遇煤气灯操纵时，人力资源部门就是你的报告对象）。重要的是要记住，事实跟踪是一种健康、正常和有效的方式，可以帮助你重新审视你所经历的煤气灯操纵，从而对发生在自己身上的事情进行全面的复盘。

下表给出了一份如何进行事实跟踪的指南，表中提出了一些重要问题，来帮助你对过往经历进行回顾梳理。如有必要，请回到第一章，复习"煤气灯操纵的手段策略"这一部分。

如果你希望在此表的基础上展开，请在下面的横线上写下你想要记录的任何其他事件：

可能的煤气灯操纵行为	事件发生的时间	发生了什么事
否认		
拒绝沟通		
蔑视		
质疑		
反驳		
制造刻板印象		
转移焦点		

图 6　事实跟踪指南

沟通方式（如发信息、打电话等等）	事件引发的情绪	你是否联系了支持系统？如果有的话，是谁

选定并写下一个日期，你将会在这个时候回顾你的事实跟踪练习，提醒自己复盘这段经历：

_____

_____

如果你愿意，可以选择一位让你感到安全的支持者，并和这位支持者分享你的事实跟踪练习。这位支持者是：

_____

_____

最后，请你记住，发生过的事情都是真实的，你的感受也是真实的，你无须从煤气灯操纵者那里找到事实的根据。他们对于现实的感知只对他们自己有利，而大多数时候，他们所感知到的，并非事实的真正样貌。

总结与结论

尽早说"不"

人们对情感虐待总是存在着一个常见的误解，就是它的危害比身体虐待要小。但现实是，我们的大脑无法区分发生在心理和身体上的疼痛。研究表明，心理上的疼痛与身体上的疼痛都会激活大脑中相似的区域，这意味着在煤气灯操纵下的情感虐待和身体虐待一样，都会对受害者造成伤害。这些经历会影响我们捍卫自己感受和立场的能力，因此，本章将帮助你树立你的自我意识和独立个性。

请你记住，你的意见是很重要的。你有权说"不"，设定界限是一种健康的行为。你可以不讨人喜欢，没有人能取悦所有人——这个世界上有这么多千差万别的人，你如果为了讨好他人的偏好或性格而不断压抑自己的感受并改变自己的身份认同，就会成为"情绪变色龙"，从而增加被潜在煤气灯操纵者盯上的风险。

我的来访者经常会问我一个关于做出果断主张的问题："设定界限的最佳时机是什么时候？""在一段关系中，直接说出我想要什么是不是为时过早？""在一段关系中，我最早在什么时候可以说'不'？"以上每一个问题的答案都是："越早越好。"你越早表达自己的需求，就越有可能"剔除"潜在的煤气灯操纵者。对于那些高度敏感、害怕被拒绝或被抛弃的人来说，一段关系的终结可能会让人感到害怕，但只有当一段消极的关系终结的时候，才能留出空间给更合适的对象。捍卫自己的感受和立场可能会让你感觉正在面临巨大的风险，但这是非常健康的风险。作为一名治疗师，我会建议我的来访者勇敢地承担起健康的风险。在此，我也想建议你这么去做。

第七章

打破不良模式

　　煤气灯操纵会引起迷茫感和无力感，从而形成不良模式，让你在生活的各个方面都陷入混乱。但好消息是，我们能够借助一些方法打破这些不良模式。你可以使用强大的聚焦策略来提高动机，从而成功设定目标。本章提供了专注冥想、建立自我关怀和聚焦策略这三种主要方法。这些方法将帮助你平息内在的自我批判，确保你能够成功实现心中所愿。

专注冥想

纽约大学一项关于运动动机的研究发现，那些把注意力集中在终点线上的参与者，比那些被告知不要关注结果的参与者跑得更快。把注意力集中在终点线上，不仅能提高参与者的运动动机，还能增强他们对自我表现的感知和参与竞技的信心。下面给出的方法是在这项研究的基础上形成的。这些方法将带领你去做价值导向的目标设定（基于对你来说最重要的价值来创建目标）并发挥专注冥想的力量，从而帮助你更加关注自己的目标，并提高实现目标的信心。

你将学到什么	你需要什么
· 如何排除外界干扰，屏蔽噪声，重新专注于你的终极目标。	· 保持放松和清醒的 5 分钟时间； · 一个私人的空间； · 纸和笔。

练习

以下是与生活满意度相关的七种主要价值。请你反思一下，在这些价值中，什么对你来说最为重要，并从 1 到 7 进行排序（1 是最重要的，7 是最不重要的）。

　　□ 亲密关系　　　　□ 财务安全

　　□ 知识智慧　　　　□ 创造力

　　□ 精神世界　　　　□ 身心健康

　　□ 家庭幸福

　　请集中关注排在前三位的价值，并选出你最想为之努力而获得提升的价值。

_____

_____

_____

　　确定一个与该价值相关的长期目标。例如，如果你认为"创造力"是一种重要的价值，但你在这方面遇到了障碍，你就可以为之设定一个参加艺术课程的目标。创建一个明确的（Specific）、可衡量的（Measurable）、可达成的（Attainable）、贴合实际的（Relevant）和有时限（Time）的 SMART 目标，对你的成长是非常有帮助的。（例如，"我将在本月底前参加一个 60 分钟的艺术课程。"）

请把你的目标写在下面的横线上：

_____

_____

接下来，请你将注意力集中在这个目标上，对它进行专注冥想。

- 将计时器设置为 5 分钟（如果你需要，可以设置更长时间）。
- 找到一个放松的姿势，你可以坐着，也可以躺下。如果你坐着，请将双脚平放在地上。伸展你的脊椎，并进行最后的调整。
- 闭上眼睛（或者，如果你想这么做，可以柔和地凝视前方），放松你的面部肌肉，缓慢地深吸一口气并数到 4，然后坚持一会儿并数到 4，最后缓缓呼出并数到 4，感觉自己身体的紧张也随着呼气释放出来。将这种呼吸方式（也称为箱式呼吸）循环 5 次。
- 让你的呼吸进入自然节奏。
- 现在，调动你的五感，尽可能具体地想象一下在完成自己所设目标的同时，你的所有感官都在活跃积极地参与到这个过程之中（例如，想象你走进了艺术的课堂，你闻到了油彩散发的浓烈气味，阳光透过窗户暖暖地洒在身上）。

- 当让你分心的事情出现时，比如突然跳出一些关于自我怀疑、时间、金钱或责任的想法，你只需带着温和的好奇心去注视它们。

- 比起努力消除干扰，你更应当做的事情是重新将注意力转回到自己的目标，尽可能细致而专注地注视着眼前的目标。

- 尽可能多地重复这种将注意力重新集中在目标上的练习。

- 最后进行一次箱式呼吸的循环，慢慢睁开眼睛，结束本次专注冥想。

请在下面的横线上，记录下你的专注冥想体验，以及你在练习中的感受或发现。

_____

_____

用自我关怀对话做出改变

练习自我关怀是受害者在经历煤气灯操纵之后能够做出积极改变的关键部分。著名心理学家、教授和作家克里斯廷·内夫博士（Dr. Kristen Neff）将自我关怀定义为："我们在遭受痛苦、失败或产生不配得感时，依然能够对自己保持温暖和理解的态度，而不是忽视自己的痛苦或进行自我批判。"她还将这种方法进一步阐明为"像和朋友说话一样进行自我对话"。许多科学研究支持了这一观点的有效性。研究表明，当我们在感到被批判时，我们便不太能够去习得一项新的技能。下面的练习呈现了消极的自我对话是如何对你形成阻碍的，同时也鼓励你发出更为友善、更富有同情心的内在声音，与自己进行温柔的对话。

你将学到什么

· 自我关怀对话如何帮助你摆脱困境；
· 积极强化自我关怀将如何帮助你在煤气灯操纵的负面影响下反败为胜。

你需要什么

· 保持放松和清醒的 15 分钟；
· 纸和笔。

练习

请你回忆一个对自己感到沮丧或失望的时刻。在那个时刻，你说了什么样的话来"激励"或"纠正"自己？

现在，我们拥有了第一个样本。请你继续列举其他你曾进行过的自我对话的样本。

当前信息
我很不擅长把事情做好。

图 7 当前的自我对话样本

当你读到上面的信息时，你对自己有何看法？你如何看待自己实现目标的能力？

_____

_____

在下一部分中，你将重新定义你进行自我对话的方式。请将你在"当前信息"中呈现的每一个语句，改为你同朋友或你所关心的人进行对话的方式。你的一些语句可能已经包含了关怀的语气——那就太棒了！如果你的自我对话就是富有同理心的，那么只需在下面的表格中添加更多此类的对话。和上面的表格一样，我先给出第一个语句作为示例。

将语句转换为自我关怀对话
我忙得喘不过气了，所以很难把每件事都做好。

图 8　自我关怀对话练习

当你读到这些富有自我关怀的自我对话时，你对自己有何看法？你如何看待自己实现目标的能力？

_____

_____

请你记住

- 当你接收到操纵者给出的负面信息时，煤气灯操纵会增加你内在的自我批判。批判性的自我对话形式可能会成为一种习惯，让人觉得不可能打破这种业已形成的不良模式，也就不可能实现给自己带来更多快乐的目标。

⊛ 鼓励比批判更能促成改变。你越是经常进行自我关怀的对话，改变就越有可能发生。

⊛ 除了改变"说什么"，改变"如何说"也是很重要的。你使用的语调和其他非语言的交流方式，和你说出的语句内容同样重要。我曾经接待过这样一位来访者，当她想要专注工作或是成人注意缺陷多动障碍发作时，她就会严厉地对自己大喊："深呼吸！"在完成这项练习后，她便学会使用更为温和的语气来说出同样的话。而她那句一直在用的"深呼吸"，也从过去尖锐的自我鞭笞，变成现在舒缓柔和的自我抚慰。

胶囊选择

摆脱煤气灯操纵所带来的压力会令人身心俱疲。作为一个成年人，每天都忙忙碌碌，因此你很容易陷入决策疲劳之中。心理学家罗伊·F. 鲍迈斯特（Roy F. Baumeister）创造了"自我损耗"这一术语来描述这种现象：我们在做出"感觉自己能量耗尽"的决策时，就会出现决策疲劳，于是我们要么变得冲动任性，要么破罐破摔（例如，在强迫自己保持一天健康饮食

后，晚上又通过吃大量的垃圾食品补偿自己）。我们可以通过
两种方式来提高自己的决策耐力：休息（包括以睡眠或冥想的
形式）或进食。你做出的每一个决策都会大量消耗葡萄糖在大
脑中创造的能量，因此进食和 / 或休息可以让自己从能量枯竭
中得到恢复，为未来的决策储备所需的能量。

你将学到什么	你需要什么
· 什么是决策疲劳，以及它为什么会让你陷入困境；	· 保持放松和清醒的 15 分钟时间；
· 胶囊选择如何帮助你调节压力并防止决策疲劳的发作。	· 纸和笔。

练习

　　以下练习有助于你减少每天做出的决策数量，这在你忙忙
碌碌或处于高压状态时尤为重要。使用"胶囊选择"策略来缩
减你的选项数量，帮助你减少不必要的决策过程，从而让你有
更多的精力在自己的疗愈之旅中做出健康的选择。

　　"胶囊衣橱"是胶囊选择中一个广为人知的策略，指的是
在衣橱里只保留少数几件经典款式的服装，利用这些服饰可以
搭配出多种不同的造型，从而满足日常穿着需求。这种做法可

以减少你在衣橱和脑子里的纷乱的各种杂项。另一个可以使用这种策略的日常场景就是食物的选择。根据康奈尔大学的研究，仅在食物这一项上，我们平均每天就有 227 种选择。因此，在你感到忙碌或是精疲力竭的时候，限制自己的用餐选择，这不失为一种减少决策疲劳的好方法。

以下是你在生活的各个场景中可以进行"胶囊化"的常见事务。请在你想试着进行胶囊化的事务旁边打个钩，最多列出三个选项（如有必要，可以选择更多）。在这个表中，还有三个空格可以让你填入自己的个性化需求。如果你想扩展这个练习，可以在下表的基础上进行任意扩展，或准备一本单独的笔记本进行记录。

类别	是 / 否	胶囊选择
用餐		
着装（比如上班常用的着装搭配）		
休闲方式		
需要帮助时可以联系的人		
压力状态下的自我关怀方式		
工作日的健身方式		
周末的健身方式		
日常歌单		

（续）

类别	是 / 否	胶囊选择
小聚好友		
减压小零食		

图 9　"胶囊选择"示例

请你记住

● 有些胶囊选择适用于工作日，而有一些则在周末效果
更好。它可以分别创建出不同的决策方式。（例如，选
择一杯奶昔或一份沙拉作为办公室午餐就挺不错，但
在周末时，花点时间看看吃些什么新鲜的大餐，可能
会让人更有幸福感。）

● 这个练习不仅有助于精简我们的自我关怀和决策过程，
同时也能帮助你能更好地了解自己，从而更好地从煤
气灯操纵下恢复。

● 在你尝试养成健康习惯时，使用胶囊选择策略进行预
先计划有助于增强你的意志力。当你能量不足的时候，

你可以通过主动为自己减少各种干扰选项，降低做出冲动决策的风险。

习惯养成计划：使用该领域专家提示的技巧

许多人常会通过养成健康的习惯来让自己保持良好的状态。尤其是对经历过煤气灯操纵的受害者来说，由于将太多精力浪费在讨好操纵者上，他们很难再专注于自己的目标了。现在，是时候将注意力转回自己身上了。这项练习将借助行为心理学的力量，教你使用该领域专家经过长期研究验证有效的策略，从而帮助你养成良好的习惯并实现个人目标。

你将学到什么	你需要什么
· 如何积极地影响你的周围环境，从而形成新习惯； · 如何通过重复练习改变你的大脑，使新习惯得以保持。	· 保持放松和清醒的 20 分钟时间； · 一个个人目标； · 纸和笔。

练习

首先，请你先为自己确定一个个人目标，这个目标能够帮助你摆脱煤气灯操纵，获得疗愈和新生。（例如：我想让冥想成为一种日常习惯。）

我的目标是：

_____

_____

以下是一些有助于实现这个目标的策略。请你仔细阅读每个策略，并思考如何将这些策略应用到自己的生活中。

各领域专家的习惯养成策略

- **小目标与大目标。**畅销书《掌控习惯》（*Atomic Habits*）的作者詹姆斯·克利尔（James Clear）在该书中探讨了各个领域专家对有效养成习惯的看法。他发现，若想达成最终目标，完成每个小目标是其中必不可少的步骤。例如，如果你的大目标是跑 5 千米，那么，你就可以将小目标设定为每周跑 5 次，每次持续 15 分钟。这有助于养成习惯，并提供成功的积极反馈，从而为实现更大的目标打下良好基础。

- **每天多付出 1% 的努力 = 巨大的长期回报。**研究表明，只要有规律地以微小的增量向目标靠近，付出一点的努力就可以获得极大的回报。从数学上讲，如果某人每天能够增加 1% 的努力，那么到当年年底时，他的回报将会比年初时提高 31% 以上。

● **增加 4% 的难度是成长的关键！** 如果某个目标缺乏挑战性，我们就会失去追逐的动力；但如果一开始就太难，我们很可能立即知难而退。4% 是一个魔法数字——人们最有动力追逐的目标是在当前能力的基础上增加 4% 难度的任务。这个观点和上一个类似，都说明了积跬步可以至千里的道理。

● **观察自己属于什么性格类型非常重要。** 根据畅销书作家格雷琴·鲁宾（Gretchen Rubin）的"四种倾向"性格理论，人的性格基于能动性和变化性可以划分为四种倾向：支持者、怀疑者、守义者和叛逆者。在这套理论中，鲁宾探索了如何利用你独特的性格倾向来设定目标和做出改变。只有了解自己属于何种性格倾向，你才能更有效地达成目标。例如，如果你是一个想要开始一项跑步计划的守义者，那么当你与其他伙伴一起跑步时，就更有可能达成目标。然而，如果你是一个叛逆者，你可能会对与他人协调跑步计划感到抗拒，如果根据自己的方式和心情来执行计划，你更有可能达成目标。

- **找一个伙伴来监督你。** 即使不是一个守义者，我们大多数人也需要某种形式的责任感。找一个你信得过的伙伴，你可以向他报告你的进展，让他和你一起试着去实现目标，或者在你身旁提醒监督你。当个体尝试进行具有挑战性的任务时，有人在场能够帮助他们有效地提高注意力。

- **用指差确认法巩固你的习惯。** 提高认知对形成改变来说至关重要，指差确认法就是一种对提高认知非常有帮助的简单技巧。指差确认法是指以手指指示并大声确认事物的习惯。回想一下前面我们学到的决策疲劳问题——当我们感到压力或疲劳时，我们甚至可能完全不能意识到自己到底做出了多少阻碍自己成长的错误决策。

- **第一次的新鲜感是事半功倍的利器。** 你有没有注意到，甜点的第一口总是更加美味，或者我们更倾向于从周一开始设定目标？这种倾向与我们大脑的奖赏机制有关。当一些新奇的事物出现时，我们会分泌出更多诸如多巴胺和血清素之类让自己感觉良好的激素。因此，在新学年开始或投资新项目的时候设下目标，我们会更有动力去完成它。所以，如果你的目标是写日记，那么，以购买一本全新的日记本作为开始，可能会对你有所帮助。

- **知道你是"改革派"还是"改良派"。** 格雷琴·鲁宾在

《比从前更好》(*Better Than Before*)一书中，对四种性格倾向进行拓展，研究了影响习惯形成的性格特征。"改革派"和"改良派"是两种不同类型的改变者。以戒烟为例，有些人能够当断则断，而有些人——比如抗拒规则约束的叛逆者——则需要通过更为温和的逐步减量才能完成戒断。弄清楚你是哪种性格倾向的人，可以帮助你更高效地摆脱困境，从而能够更快地朝着目标前进。

- **定义积极目标而非消极目标。**正如广受好评的心灵励志书《秘密》(*Secret*)所说，你可以利用吸引力法则来帮助自己设定目标。比起设想你不想要什么，设想你想要什么能让你更有动力去追逐这个目标。当你设想自己不想要的后果（例如，背负巨额债务）时，你会把注意力集中在一些负面的事物上，这便限制了你的创造力。与之相反，当你设想一些积极的目标（例如，找到一份报酬丰厚的工作）时，你的注意力会重新定向，使你的内在自我对话充满更加积极的基调。我经常会给我的来访者举这个例子：如果我告诉你，在骑自行车时不要盯着右边的那棵树，要保持直行，无论你多么努力地控制自己——除非你是一个杂技演员——你的自行车都会不由自主地朝着树的方向偏转。

所以，你应当把目标指向你的所想所愿，而不是你避之不及的事物。

请你使用下面的"习惯养成计划表"，记下你如何将这些策略应用于自己之前设定的个人目标。这些问题也可以用于未来其他目标设定的考量，帮助你掌握未来的变化、实现自我成长并获得疗愈。

我可以设定什么小目标？

_____

_____

如果我每天多付出 1% 的努力，会发生什么？我如何才能知道自己在进步呢？

_____

_____

是什么让这个目标变得太容易实现？我要如何才能让它变成难度增加 4% 的最佳目标？

_____

_____

根据"四种倾向"测试或是自我反思的结果，我总结出自己属于哪种倾向，我该如何将其应用于自我目标的实现呢？

_____

_____

我准备向谁汇报？（可能是一位对你有帮助的专业人士、教练，或是你报名项目的负责人，也可以是一位了解你的目标且客观中立的朋友。）

_____

_____

我将如何跟踪或"说明"我的习惯？

_____

_____

我要如何利用新奇感来帮助我实现目标？

_____

_____

我打算就此放弃还是做出调整？

_____

_____

我该如何用积极的措辞来描述我的目标？我到底想要
什么？

_____

_____

　　请你使用"习惯形成计划表"，回到第一个问题，检视最
初的目标。在学习了更多关于习惯养成的知识后，你会如何去
重新审视这个目标呢？请你根据 SMART 目标的形式，在下面
的横线上重新创建出你的战略目标。

_____

_____

总结与结论

建立积极的反馈循环

　　煤气灯操纵者经常会攻击那些能够赋予女性权力和掌控力
的东西。因此，经历过煤气灯操纵的女性往往难以捍卫自己的
立场，这使得她们的自尊和自信受到负面影响。这个问题在第
三章萨拉和吉尔的关系中体现得十分明显。吉尔打压了萨拉对
攀岩运动的热情，也剥夺了萨拉的力量和个性。要想从煤气灯

操纵中恢复，你就需要为自己设定健康的目标，摆脱困境，并将注意力放在对你来说真正重要的事情上。体验成就感能够帮助你建立起积极的反馈循环，从而增强你的自尊和自信。通过这种方式，你就为自己创造出一个生命故事，在这个故事中，你有能力完成任何你想做的事情。这种自信会与你内心的声音形成连接，让你更容易识别出煤气灯操纵，并能勇敢地直面这些操纵，坚定地捍卫自己的立场、感受和安全。

如何保持动力

在这一章中，我们探讨了冥想、积极的自我对话和应对决策疲劳的力量，还给出了另一些设定目标的技巧和窍门。因为每个人想要实现的目标都是独一无二的，所以要选择最能与你目标适配的技能，这样才能最大程度地发挥它们应有的作用。即使你正处在想要形成一个新习惯的计划阶段，你也能获得强大的赋能感。因为专注于你的目标以及你计划如何实现这些目标，都能够为你带来疗愈和改变的希望。

继续阅读这本书，你将会学到更多自我关怀的方法。这些方法能帮助你重获新生，找回快乐，并提高你的信心。如果你正在尝试养成崭新而健康的习惯来疗愈煤气灯操纵带给你的伤痛，请回到本章节。在这一部分里，你可以花一点时间来确定你想从本书的下一部分中收获些什么，并为你希望实现的目标创建一个愿景列表。

作家、励志演说家梅尔·罗宾斯（Mel Robbins）提醒我们，不要仅仅设想最终目标是什么样的，还要设想一下，在通往目标的旅途中，会有哪些荆棘乱石阻碍我们前进的步伐。因此，通往目标的每一小步都十分重要。不妨为自己设定一些简单的目标——比如每天专注冥想 5 分钟，这也是实现远大梦想的有力一步。

我的愿景列表

当我进入本书的下一部分并想象自己在未来不断舒展绽放的模样时，我想要实现这些目标。

1.＿＿＿＿＿＿＿＿＿＿＿＿＿＿＿＿＿＿＿＿＿＿＿＿＿＿
＿＿＿＿＿＿＿＿＿＿＿＿＿＿＿＿＿＿＿＿＿＿＿＿＿＿＿＿
＿＿＿＿＿＿＿＿＿＿＿＿＿＿＿＿＿＿＿＿＿＿＿＿＿＿＿＿

2.＿＿＿＿＿＿＿＿＿＿＿＿＿＿＿＿＿＿＿＿＿＿＿＿＿＿
＿＿＿＿＿＿＿＿＿＿＿＿＿＿＿＿＿＿＿＿＿＿＿＿＿＿＿＿
＿＿＿＿＿＿＿＿＿＿＿＿＿＿＿＿＿＿＿＿＿＿＿＿＿＿＿＿

3.＿＿＿＿＿＿＿＿＿＿＿＿＿＿＿＿＿＿＿＿＿＿＿＿＿＿
＿＿＿＿＿＿＿＿＿＿＿＿＿＿＿＿＿＿＿＿＿＿＿＿＿＿＿＿
＿＿＿＿＿＿＿＿＿＿＿＿＿＿＿＿＿＿＿＿＿＿＿＿＿＿＿＿

4.＿＿＿＿＿＿＿＿＿＿＿＿＿＿＿＿＿＿＿＿＿＿＿＿＿＿
＿＿＿＿＿＿＿＿＿＿＿＿＿＿＿＿＿＿＿＿＿＿＿＿＿＿＿＿
＿＿＿＿＿＿＿＿＿＿＿＿＿＿＿＿＿＿＿＿＿＿＿＿＿＿＿＿

5.＿＿＿＿＿＿＿＿＿＿＿＿＿＿＿＿＿＿＿＿＿＿＿＿＿＿
＿＿＿＿＿＿＿＿＿＿＿＿＿＿＿＿＿＿＿＿＿＿＿＿＿＿＿＿
＿＿＿＿＿＿＿＿＿＿＿＿＿＿＿＿＿＿＿＿＿＿＿＿＿＿＿＿

第三部分

建立强大自我

做好你自己，不要在意别人是否喜欢。

——蒂娜·菲（Tina Fey），《管家婆》（*Bossypants*）

第三部分主要关注如何让煤气灯操纵的受害者重获新生。本节提供的疗愈方法主要来自基于女性健康研究而形成的综合疗法。你将学习通过提高自尊和自信来获得促进成长的技能和心态，包括学会如何去爱、去拥抱真实的自己。在最后一章中，我们将学习如何再次信任他人并在未来能够建立健康关系。当你想要在这些练习中获得重生和成长时，请你对自己的进步保持耐心，因为疗愈既不是一蹴而就的，也不是线性增长的。定期练习这些技能可以促进疗愈，但也可能会遇到挫折。这些都是很正常的情况。但请你记住，在你的疗愈之旅中，一定要善待自己。

第八章

树立自尊自信

煤气灯操纵会消灭我们的自我意识，因此，若想在遭受虐待后获得治愈和重生，重建自尊至关重要。在本章中，你将学会如何表达你的需求、增强你的信心，并知道你真正有能力去做些什么。我们将在这一部分中学习如何与自己共度美好时光、照顾好自己的身体、利用呼吸的力量、表达感激之情，以及如何在你的个人故事中找到意义。在本章中，你将学会建立自尊和自信，这是往后章节的基础。在后续的章节中，你将学会练习自我关怀，发现更多真实的自己，并在再次信任他人中找到安慰。

与自己约会

从煤气灯操纵中恢复过来的女性往往很难"知道自己是谁",更不要说"喜欢自己"了。是的,这真的不是一件容易的事情,因为煤气灯操纵者对待你的方式,非但不能反映出你真实的样子,还会进一步扭曲你的自我认同。"与自己约会"是解决这些问题的一种好办法。当你真正为自己投入时间、金钱、精力和内在关怀时,你将重建起自尊。如果你把更多的精力放在爱自己上,你的自我价值感也会增加。由于受到煤气灯操纵的负面影响,一些女性可能会觉得自己缺乏真正的自我价值,所谓的"爱自己"只不过是在"假装"罢了。然而,哪怕是"假装",只要足够坚定和持久,也能帮助你将自我怀疑和消极的自我对话转变为自我觉知和自我关爱。正如社会心理学家、研究者埃米·卡迪(Amy Cuddy)所说的那样:"假装你能行,直到你成功。"以下练习将有助于你形成"与自己约会"的想法和计划,并让它成为你和自己约定的一个承诺。

你将学到什么	你需要什么
· 如何有创意地"与自己约会",这样做会如何促进你的疗愈; · 如何运用自我关怀来重新认识自己。	· 保持放松和清醒的 10 分钟时间; · 纸和笔。

练习

下面的表给出了"与自己约会"的八个重点领域。盖瑞·查普曼（Gary Chapman）的著作《爱的五种语言》（*The Five Love Languages*）被誉为阐明如何给予和接受爱的经典之作，在后续关于爱的讨论中，都离不开其所构建的叙述范式。图表中的每个重点领域都有一些具有创意的活动可供选择，你也可以在相应的空白处填写自己的创意。你可以随意圈出吸引你的想法，也可以创建一个单独的列表。当你与自己约会时，你将有机会使用这些创意，从而更好地爱自己！

把"与自己约会"的计划付诸行动

- **时间承诺：**和其他任何关系一样，与自己的关系也需要持续的关注。女性总是倾向于把自己的精力分散倾注在人际关系、责任和承诺上。现在，请你确定自己需要多少独处时间才能保持内外平衡，并在每天至少进行一次"与自己约会"的练习。许多高敏感人群每天至少需要两个小时的独处时间才能感觉到如获新生。这个时间并不是一个规定的数字，但也是一个值得参考的健康基准。

自我反思	身体关怀
·写日记	·锻炼身体
·拍摄视频日志	·替代疗法（如针灸）
·星象探索或占星疗愈	·获得充足的睡眠
·艺术疗法（如画自画像）	·研究并服用有益的保健品
·	·
·	·
·	·
·	·

赠送礼物	尝试新鲜事物
·为自己挥霍一把	·列一张你想尝试的爱好清单并选择一个进行尝试
·买一本新书	·学习一门新语言
·送自己一束鲜花	·去新的地方旅行
·购买并充值一张水疗卡，以便在需要时使用	·探索你可能喜欢的新音乐
·	·
·	·
·	·
·	·
·	·

界限设定	自我鼓励
·练习说"不"的力量	·开始写一本感恩日记
·减少不必要的承诺	·练习富有同理心的自我对话
·远离不健康的关系	·赞美自己
·不要说"我希望你能理解"。你不必为你的界限做出解释	·与支持你的人分享你的成就
·	·
·	·
·	·
·	·
·	·

优质的时间	身体接触
·留出时间独处	·EFT 敲击法（详见第九章）
·关掉你不喜欢的电影	·干刷身体（阿育吠陀自然疗法）
·冥想	·使用电动按摩仪
·晚餐时为自己点一支蜡烛，营造浪漫氛围	·请专业护理人士为你提供身体按摩、面部护理和其他形式的身体护理服务
·在风和日丽的日子里悠闲地散步，可以一边听听有声书或音乐，或者只是享受周围的宁静	·
·	·
·	·
·	·
·	·

图 10　"与自己约会"创意清单

- **为障碍做计划**：即使时间有限，你也可以通过与自己约会来实践自我关爱。想象一下，你现在终于结束了忙碌的一天。你不可能再劳心劳力地投入任何事情，但你可以选择友善地对自己说说话，或是花 60 秒进行有意识的呼吸练习。和自己度过的时光，每一秒都是宝贵的。
- **保持好奇心**：将约会视为一种持续的学习体验。你对自己越是好奇，你学到的东西就越多，你的自尊也会随之变得越发强大。将你对自己的了解记录下来，这可以作为一个强大的工具，帮助你进行更加深入的反思。

促进身心健康的呼吸练习

我不能在过去的时光里呼吸，我不能在遥远的未来中呼吸，我只能在此时此刻呼吸。

——佚名

呼吸，是我们在当下减少压力、改善情绪和恢复平静最为有效的工具之一。当我们从煤气灯操纵和情感虐待中恢复时，学习改善呼吸的技能是极其重要的。压力、年龄和生活经历可能会使我们忘记该如何健康地呼吸，而定期培养良好的呼吸习惯，有助于改善呼吸质量和压力调节能力。正确的呼吸技巧不仅能在我们感到压力时发挥作用，也有助于在压力形成之前纾解它。

你越积极地练习呼吸技巧（最好是每天练习），就能越早地意识到自己在哪些时候感受到压力。以下是两种获得科学研究支持的呼吸练习法，它们能帮助你在遭遇煤气灯操纵后获得重生和疗愈。

你将学到什么

· 呼吸训练如何在此时此地将"你"与你的"自我"联系起来；
· 两种获得科学研究支持的呼吸练习法，这两种方法能帮助你在遭遇煤气灯操纵后获得重生和疗愈。

你需要什么

· 保持放松和清醒的 5 分钟时间；
· 一个安静的空间；
· 纸和笔。

练习

箱式呼吸法

第一种呼吸练习法非常容易入门。美国顶级医疗机构妙佑医疗国际（Mayo Clinic）的研究综述表明，箱式呼吸法已被证明可以降低血压、减轻疼痛、刺激大脑发育、减少焦虑和恐慌、改善睡眠、降低人体对整体压力水平的感知等。美国神经科学家、斯坦福大学教授安德鲁·休伯曼（Andrew Huberman）在其播客《休伯曼实验室》（*The Huberman Lab*）中分享了这样的观点，箱式呼吸法能够训练我们进入更健康的呼吸模式，包括不过度呼吸（过快或过浅），以及在放松时的每次呼吸之间要有必要的停顿。通过这种呼吸方式，人体就能建立起更强的二氧化碳耐受性，这有助于我们的身体更好地适应压力。

如何进行箱式呼吸

1. 找到一个舒适的姿势，同时这个姿势要让你能够轻松地扩张肺部（可以是坐直或平躺）。

2. 慢慢呼气，将肺部的空气排出体外。

3. 慢慢地用鼻子吸气，并在心中默数到4。

4. 紧闭双唇，屏住呼吸并数到4。

5. 慢慢呼气，并在心中默数到4。（有些人往往容易呼气过快。学会控制呼气是增强平静感的有效方法。）

6. 屏住呼吸并数到4，请你留意自己在既不吸气也不呼气时的平静感。

7. 将这整个过程重复四轮。

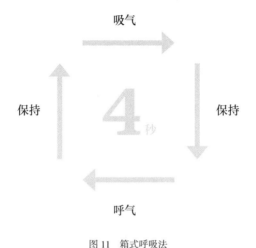

图 11　箱式呼吸法

箱式呼吸法的身体信号和注意事项

- 如果你没有时间或能力进行五个完整周期的呼吸练习，那么，完成一个完整的周期也可以是一次有用的着陆技术实践。

- 如果迷走神经受到刺激，你呼气时可能会发出嗡嗡的声响，这是身体表达"安全"的信号。这也是一个帮助你清理头脑的强大工具，类似于另一种名为"蜂鸣式呼吸法"的呼吸技巧，你也可以在你的疗愈过程中探索这种方法。

- 如果你以前就练习过各种呼吸法，或者发现自己本身就对二氧化碳具有高度的耐受性——可以通过你舒适地排空肺部所需的时间来判断——那么，你就可以在每个呼吸步骤中多数几个数。

- 闭上眼睛，将注意力集中在自己的身体，感受紧张情绪的释放，或关注当下浮现的感觉。这些都能够有助于你所进行的练习。

- 永远不要忘记呼气对平息焦虑和恐慌的重要性（减缓呼气能够降低心率）。在面对压力时，我们常常会不自觉地快速吸气（这会提高我们的心率）。而当恐慌发作时，我们也会不由自主地又快又浅地吸气。平衡吸气和呼气或使用箱式呼吸法，有助于减少恐慌发作。

鼻孔交替呼吸法

第二种呼吸练习法是鼻孔交替呼吸法，这是一种常用的瑜伽呼吸练习。这种方法的梵语全称为 Nadi Shodhana Pranayama（Pranayam 在梵语中的意思是"呼吸"），其字面意思是"微妙的能量清理"。使用这种方法进行呼吸，能够帮助身体增加积极感。研究表明，这项技术有助于放松身心、减少焦虑并增强我们的幸福感。希拉里·克林顿（Hillary Clinton）在她的著作《发生了什么》（*What Happened*）中写道，她就是用了这种呼吸技巧，才从总统竞选的失利中恢复平静。对瑜伽呼吸方法的进一步研究发现，瑜伽呼吸能够平衡自主神经系统、减轻压力和改善整体心理健康，从而帮助使用者提高幸福感。

如何进行鼻孔交替呼吸

1. 用右手拇指堵上右鼻孔，用左鼻孔轻轻吸气，尽可能使空气充盈整个肺部。(你可以选择吸气时数到 5，呼气时数到 7，并尽可能延长你的呼气时间。当然，你也可以随意地吸气和呼气，关键是要找到让自己感到舒服的节奏，并尽可能地在呼气时完全排空肺部。)

2. 用食指堵上左鼻孔，完全通过右鼻孔进行呼气。

3. 用右鼻孔吸气。

4. 再堵上右鼻孔，从左鼻孔呼气。

5. 重复以上练习，让每次吸气和呼气交替进行（这是一个呼吸周期），持续 5 分钟。

6. 如果你想用左手代替右手进行操作，反过来做即可。

鼻孔交替呼吸法的身体信号及注意事项

● 如果堵住鼻孔让你感觉不舒服（例如，你在进行这个练习时正赶上过敏或感冒），你也可以在不堵住鼻孔的情况下，通过冥想的方式将呼吸的过程从一个鼻孔集中到另一个鼻孔。这更多是一种"想象"的焦点，但它仍然可以积极地刺激你的大脑做出相应反应。

- 如果你开始感到头重脚轻、眩晕或恶心，请立即停止呼吸练习，并恢复到你的自然呼吸模式。这是在学习如何扩大呼吸的过程中难以避免的问题。你要有耐心，要善待自己，切不可用力过猛。你越是积极地练习，这些不良影响出现的可能性就越小。

- 即使你拿不出 5 分钟的时间来完成这项练习，哪怕仅仅完成一个周期也能够让你有所收获。我的来访者就曾表示，他们会使用一个周期的练习作为面对压力的着陆技术，作为冲个热水澡后放松身心的完结仪式，或是作为帮助他们在晚上入睡的放松方式。

高能量姿势

埃米·卡迪（Amy Guddy）的 TED 演讲《用肢体语言塑造你自己》（*Your Body Language May Shape Who You are*）让"高能量姿势"这个概念广为人知。这项技能可以通过摆出自信的姿态——包括即使在对自己没有信心的时候也要以自信的姿势站立——帮助人们在完成困难任务时感到自己更加强大。卡迪和同事们的早期研究结果表明，保持住 2 分钟的高能量姿势，不仅有助于被试在模拟工作面试中表现更佳，而且被试还出现了诸如睾酮增加、皮质醇（压力激素）减少等有利的激素反应。

自这项研究发表以来，学术界一直对高能量姿势是否真的能够促进研究所称的激素变化争论不休，但它对人们提升自尊和自信的积极作用却得到了一致认可。这个自我改善的生活技巧是一个有益的信心助推器。你可以将它作为备用方法，有需要的时候使用它，帮助自己获得疗愈和成长。这是一种可行性很强的技能，它能够向你的大脑发送积极的信息，同时帮助你有意识地和自己的身体建立连接。

你将学到什么

· "高能量姿势"背后的科学逻辑，以及如何用它来提升你的自信和仪态；
· 可以在什么时候运用"高能量姿势"来提高你的自尊和自信。

你需要什么

· 保持放松和清醒的 10 分钟时间；
· 一面镜子（可选）；
· 纸和笔。

练习

写下一件已经发生或者即将发生的事件，在这个事件中，

你希望自己能表现得更加自信（例如面试、演讲、就某个问题
与某人对峙、尝试一项新技能等）。

　　从 1 分到 10 分（其中 10 分是最自信的）进行评级，评
估你对处理这种情况的自信程度。

　　在图 12 中，你可以看到或"高"或"低"的能量姿势。
请你花点时间摆出每个姿势，感受能量在你的身体里的变化。

　　当你对每个姿势都有了感觉时，请选出一个对你来说最自
然舒服的高能量姿势。在一个你感觉舒适的私人空间里练习这
个姿势。（你可以选择站在镜子前练习自信地凝视，但这不是
必需的步骤。）请你保持这个姿势至少 2 分钟。为了加强练习
的效果，请试着将它与你的呼吸联系起来，并留意你的内心可
能出现的评判。如果出现，请立刻抛开。

高能量姿势	·打开双腿站立
	·将双臂呈 V 字形高举过头顶
	·双手叉腰
	·坐着或站立时，双手交叉置于脑后
低能量姿势	·双手叠放于膝上端坐
	·双臂交叉置于胸前
	·一条手臂横在胸前半抱着自己
	·蜷曲耸肩

图 12 "高能量姿势"与"低能量姿势"示例

2 分钟后，再从 1 分到 10 分（其中 10 分是最自信的）重新评估你对处理上述情况的自信程度。

_____

_____

什么时候使用高能量姿势

- 任何你想体现力量和存在感的时候，都是使用高能量姿势的好时机。

- 这项技能也可以坐下来完成（例如，你如果即将参加面试，可以坐在车里进行练习），它不仅能调整你的精神状态，也能调整你的身体状态。

- 在与某人进行交谈或互动时，也可以使用高能量姿势。对方可能会察觉到你所表现出的开放和扩张的立场，这会对你的信心产生积极的反馈循环。

- 高能量姿势可以帮助你在冲突中表现得更加沉着冷静。请试着将其与"亲爱的人"冲突解决法结合使用。

- 在进行演讲或展示时，你可以通过使用高能量姿势来获得自信，并清除你所感受到的任何压力。

在下面的横线上，记录你可能想要使用高能量姿势的时刻。

_____

_____

智慧感恩练习

在经历了煤气灯操纵之后，陷入消极的思维模式是一种很常见的情况。"积极思考的力量"得到了广泛的认可，有助于改善心理健康。然而，当消极的想法不断地重复出现时，我们便很难知道要如何才能保持积极的心态。

广受赞誉的作家、研究者布琳·布朗（Brené Brown）将感恩描述为焦虑、恐惧和抑郁的对立力量。通过有意识的感恩练习来应对你的负面情绪和恐惧，是获得疗愈的重要一步。练习感恩的心态对处理创伤有着积极影响，因为它有可能拓宽我们看待过往经历的视角。当然，这并不意味着我们必须要对创伤本身心存感激，相反，这说明我们更有能力去认识到自我的成长和成长中所产生的智慧。

你将学到什么

· 如何从过往的创伤中找到意义来培养疗愈能力；
· 感恩将如何帮助你改变观点、改善心理健康并增强整体幸福感。

你需要什么

· 保持放松和清醒的 10 分钟时间；
· 纸和笔。

练习

建立感恩的技巧分为两个部分：先通过常规练习打好基础，再进行智慧感恩练习。

通过常规练习打好基础

当你正在从煤气灯操纵中恢复时，进行定期的感恩练习可能一开始会让你觉得有点不自然，甚至让你有种被强迫的感觉。但你练习得越多，就越会觉得舒服和自然。

- 在日记本、记事本或手机里的笔记应用软件上，写下至少三件你感激的事情。
- 所有事情都不是微不足道的（比如，我很感激在撰写这一部分时，能喝到一杯杏仁奶无咖啡因拿铁）。在这里，重要的不是你所感激的事物本身的意义，而是感激它对你的大脑、身体和精神所产生的积极影响。
- 每天练习。我们的目标是，花点时间思考要记录的事情，使感恩成为一种习惯，在日常生活中时刻心存感恩，从而增强自己的心理韧性。
- 写下你所感激的三件事后，你可以随即进入智慧感恩练习，也可以练习记录一周的感恩日记，然后进入下一个练习。

智慧感恩练习

在你的日记本或下面的横线上，写下发生在你身上的一些不愉快的事情（可能与你被煤气灯操纵的经历有关）。

这件事情对你有何影响?

_____

_____

当你想到这段经历时,你会发现自己的身体有什么感觉?

_____

_____

经历了这件事,你现在会有什么不同的做法?

_____

_____

当你将注意力放在你在这一部分学到的东西时,你会发现自己有什么身体感觉或想法?

_____

_____

在过去的经历中,有哪些事是值得"感激"的?

_____

_____

感恩会如何改善人际关系

《华尔街日报》撰稿人詹妮弗·华莱士（Jennifer Wallace）在哥伦比亚广播公司的节目《CBS 今晨秀》（*CBS This Morning*）中，曾谈到感恩是如何对关系的形成产生积极影响的。

- 感恩有助于我们找到好的合作伙伴。
- 感恩有助于我们在了解彼此的同时，继续对这些潜在的合作伙伴投入时间和精力。
- 感恩有助于维持长期关系，即使这些关系可能具有挑战性。

投资健康的关系包括练习信任，这是疗愈煤气灯操纵的关键部分。研究表明，感恩能够有效地帮助个体在这个方面实现成长。

讲述个人故事

写作是一种对认知、情感和精神进行表达的强大工具，其本身就是一种创造性的行为，它可以帮助我们与各种我们可能未曾体验过的感受建立连接。它还可以帮助我们建立自信和自我价值感，同时更加深入地了解自己和周围的世界。煤气灯操纵的目标是通过消灭我们内心的声音和我们讲述的个人故事，来构建和操控我们对现实的感知。而通过写下我们真实的感受和觉知，我们就能够收回个人故事的叙事权，并将自己与现实世界有力地连接在一起。

你将学到什么

· 你的经历如何形塑你的自我概念；
· 讲述个人故事如何帮助我们发现自我意识的力量。

你需要什么

· 保持放松和清醒的 10~20 分钟时间；
· 纸和笔（如果你喜欢的话，也可以使用电脑）。

练习

以下练习给出了一系列写作提示，这些提示可以用于复盘你曾遭遇的煤气灯操纵的体验。随着写作的深入，你的个人生命故事也将徐徐展开。每一个细节都很重要，它们可以延展你对你的经历和你到底是谁的理解。在此，我们提供了三种不同的写作风格：指导性写作、意识流书写和未来展望模板。当你在这些提示下完成个人故事的书写后，你将可以反思自己对进行这项练习的情绪反应。

使用一张纸、一本日记本或一台电脑，按照每个提示的顺序进行思考并做出回应。为了增强效果，这些提示按照特定的顺序设计而成：你可以选择一次仅完成一个提示，也可以一次性完成全部三个提示。这个写作练习看重质量而非数量，只有提示 2 有一定的字数要求。这是一个关于个人体验的练习，因此，不要试图编造和粉饰你所写下的内容。

最后的反思

当你根据自己所选择的提示完成写作后，请你自己从头读一遍自己写的文字。将这些文字大声读出来有助于你进一步进行反思和细节处理。

- 当你读到自己书写的这些文字时，你会有什么感受？
- 你从这些文字中找到什么新发现吗？
- 在这些文字中，有哪些是你想分享或对别人表达的吗？
- 你为什么选择了这个提示进行写作？
- 你以后还会像这样进行写作吗？如果会的话，你打算多久写一次？

为了促进未来的疗愈，请你在以下三种写作风格的指导下，充分思考你的生命体验，然后书写出你的个人故事。这三种写作风格分别是：指导性写作、意识流书写和未来展望模板。这个过程能帮助你免受煤气灯操纵的进一步伤害，因为你与真实自我形成的持续性连接，是抵御各种形式的操纵和虐待的强大武器。

提示1：指导性写作。请讲述你遭遇煤气灯操纵的经历。你第一次注意到这件事的发生是在什么时候？你的感觉如何？当你发现这种情况后，你有什么想和自己分享的吗（请用一种不加评判和自我关怀的语气进行书写）？

提示2：意识流书写。请写下你脑海中浮现的各种想法。这些想法可能与你所经历的煤气灯操纵体验相关，可能是书写情绪带给你的感觉，或是自然而然涌入脑海的各种思维过程。在这个过程中，请你尽量不要停顿、阅读或回头看自己写了些什么。如果你需要书写更多内容，你可以在一张单独的纸或日记本上进行写作。

提示3：未来展望模板。请你写下遭遇煤气灯操纵的经历带给你什么样的经验教训。这些经验如何影响你对未来生活的展望？你认为自己应该拥有什么样的关系？你今后会注意哪些危险信号？如果不曾经历过煤气灯操纵，你的生活本应该是什么样子的？

总结与结论

肯定自己的价值

请你了解更多关于自己的信息，知道自己是多么有价值，这是从煤气灯操纵的经历中恢复并获得疗愈的基础。与自己约会，花点时间来弄清楚，究竟是什么给你带来了快乐。然后，满足自己的这些需求，这是我们在面对潜在的煤气灯操纵时捍卫自己立场和感受的基础。当你把自己视为有价值的人时，别人才会同样如此对待你。

建立自我价值和增强自信的另一个方面是能够设定健康的界限，这能让你更容易获得足够的安全感。练习你在本章中学到的呼吸技巧，并自信地摆出高能量姿势，这能够帮助你把疗愈的想法付诸实践。

你在注意到自己正在发生的积极改变时，要用感恩的心态来认识自己的成长，而不要苦恼自己还有多少前路要走。要对自己的改变心存感激。无论迈出多么微小的一步，都是在不断努力向前，而感恩的心态能让你更容易实现改变。搞清楚自己身上到底是哪些部分受到了煤气灯操纵的影响，肯定自己的价值并相信自己也可以完成许多艰难的任务，由此，你就更能拥有关爱自己的能力。

第九章

练习爱自己，接纳真实的自己

本章探讨了如何运用应对技能来练习爱自己，从而增强你获得幸福和茁壮成长的能力。本章重点学习的技能包括：瑜伽、呼吸法、EFT 敲击法、内在家庭系统疗法、EMDR 螺旋技术和艺术疗法。这些技能能够有效帮助经历煤气灯操纵的受害者获得恢复和疗愈。当煤气灯操纵试图摧毁受害者的自我价值时，这些治疗性的技能能够帮助受害者进行抵御和重建。通过本章的练习，你将学会如何在精神上、身体上和创造性上更全面地了解自己，从而让你离拥抱真正的自己又近了一步。

从你的"部分"中学习

在内在家庭系统（Internal Family System，简称 IFS）的理论模型中，理查德·施沃茨博士（Dr. Richard Schwartz）认为，我们的内在不仅仅是一个统一的自我，更是一个由构成整体的部分组合而成的集合。每个个体心理的亚人格或"部分"分为三种类型：管理者（这种类型的人会表现得像是一个多任务操作者、工人、超级妈妈、教师等），这个角色会持续输出高效表现，直到工作过度而不堪重负；消防员（这种类型的人会表现得像是一个情绪化进食者、购物狂、愤怒者、拖延者等），其作用是尽快减少痛苦，即使这种方法是有害的；放逐者（这种类型的人害怕失败，总是因为感觉自己不够好而忧心忡忡，害怕自己被忽视或被认为不可爱）——这些内在角色是我们人格中的隐藏部分，我们甚至可能没有意识到这些部分的存在，它们往往起源于童年创伤、人际创伤或被压抑的记忆。

学会理解自己的所有"部分"是提升自信和实现自我价值的重要途径之一。它可以帮助你怀着不带偏见的热情和好奇心接近自己人格的各个"部分"，帮助你感受到安全和被倾听。想象一下，如果你和朋友或治疗师分享了你的感受，他们非但没有倾听，反而对你不理不睬并转身离去，或对你的感受加以评判，这会是多么糟糕的情况。同理，当我们拒绝自己人格中"坏的部分"时，它们也会感到害怕和受伤，于是扭头跑掉。没有这些"坏的部分"的存在，我们就什么也学不到，难以改变和成长。

你将学到什么	你需要什么
· 对理查德·施沃茨博士的内在家庭系统理论形成基本理解； · 如何从我们认为自己"坏的部分"中学到智慧，以及如何欣赏它。	· 保持放松和清醒的 10 分钟时间； · 纸和笔。

练习

在下面的练习中，你将学会应用 IFS 策略促进煤气灯操纵和情感虐待后的恢复和疗愈。请把你的答案写在下面的横线上。

1. 请你识别出自己身上与煤气灯操纵经历相关的"部分"（如，恐惧部分、防御部分、担忧部分、战士部分、创伤部分、幸存者部分等）。请你注意觉察任何出现的身体感觉、想法或情绪，并描述你所注意到的情况。

_____

_____

_____

2.请你尽可能详细地描述你与煤气灯操纵经历相关的部分。这个练习鼓励你发挥创造性——没有错误的答案。

_____

_____

_____

3.请你闭上眼睛，深呼吸，想象你和自己这个"部分"面对面地坐着。请你询问这一"部分"，了解它是从哪里来的（它最初是在什么时间形成的，它为什么会出现，以及它的"工作"或角色是什么）。

_____

_____

_____

4.请你询问这一"部分"：你需要什么才能感到更安全？如果难以满足它提出的条件，你可以请求这个"部分"接受渐进式的改变，比如先从提升 10% 的安全感开始。

_____

_____

_____

5. 请你把手放在自己的胸口，给这个"部分"以爱、安慰和支持。想象一下，你的心在慢慢地膨胀，逐渐将满溢的温暖倾注到所有的其他"部分"。

需要注意的事项

- 有些人可能难以使用可视化技能。如果是这样的话，只需与你身体中的一种感觉或情绪形成连接。

- 可能存在多个与你的经历有关的"部分"。请你试着选择一个最需要获得关注的"部分"，或者最令你痛苦挣扎的"部分"。你可以选择在以后的某个时间里，再回到这个练习中，此刻先协助其他"部分"完成练习。如果在实践过程中存在很大的阻力，你也可以针对同一"部分"重复这项练习。

- 在完成这项练习之后，你可能会感觉到，问题并没有得到完全的解决，尤其是你选择解决的"部分"曾经受过严重的创伤。在这种情况下，请你使用"再多1%"的方法，尝试再多实现 1% 的改变或成长。你可以问问自己：我需要做些什么，才能让这个"部分"再多获得 1% 的安全感呢？

- 请用日记或工作表对新的"部分"进行记录，因为你的"部分"是无穷无尽的。

- 请你注意各个"部分"之间存在的差异，以及是什么事件或什么人物触发了这些不同"部分"的形成和发作。

- IFS 中有很多值得我们学习的内容，因此，在本书结尾的补充阅读列表中，我提供了一些方法，用以扩展这种形式的自我治疗。

使用 EMDR 螺旋技术应对压力

螺旋技术源自美国心理学家弗朗辛·夏皮罗（Francine Shapiro）发明的眼动脱敏与再加工疗法（Eye Movement Desensitization and Reprocessing，简称 EMDR），这是一种很好的创伤治疗技术，可以将受害者的注意力从压力或创伤引起的痛苦想法、感觉上转移开。与刻意压抑或忽视压力不同，这种技术是一种更为安全和舒缓的即时应对方式。因此，这种技术也适用于疗愈由煤气灯操纵引发的焦虑和强迫性思维。

你将学到什么

· 如何使用 EMDR 螺旋技术来应对不适、压力或创伤；
· 释放疼痛与感受疼痛之间的区别。

你需要什么

· 你感到压力或想要获得深度放松的 15 分钟时间；
· 一段过去或现在的压力回忆。

练习

以下方法可以供你随时随地使用。当你的主观痛苦感觉单位量表（SUDS）（见第五章）程度评级为 4 级甚至更高时，使用 EMDR 螺旋技术会很有帮助。当你第一次尝试时，请找一个安静、安全的空间，以便更好地观察到这个方法对你的影响。

1. 请你回忆一段令你感到不安的经历或事件，并觉察此刻在你身体里产生的任何感觉。

2. 如果此刻你感到舒适，你就可以闭上眼睛；如果你觉得睁开眼睛更加安全，你也可以柔和地注视前方。

3. 请你用 0 到 10 级评估你在回忆这段经历或事件时所产生的感觉（0 级表示你可以保持冷静，10 级表示你感受到无法忍受的痛苦）。

4.请你注意自己身体中所产生的紧张、紧绷或其他异常的感觉。

5.请你想象一下，你身体中的某个部位正在进行螺旋运动。请注意螺旋运动的方向是顺时针还是逆时针。

6.请你闭上双眼，顺着螺旋运动的方向轻轻地转动眼球。

7.持续这个过程约2分钟。你可以使用计时器设定时间，也可以参考自己做10次深呼吸大约耗费的时间来进行这项练习。

8.当你觉得一切准备就绪的时候，用你的意识改变螺旋运动的方向。请留意，当螺旋运动开始朝相反的方向进行时，会发生什么情况。

9.持续这个过程约2分钟。

10.最后，重新评估你的痛苦感觉等级，并在下面的横线上记下你使用螺旋技术的初始感受，以及当螺旋运动改变方向时你所注意到的情况。

如何增强螺旋技术的效果

● 女性会经历各种特殊的疼痛体验（包括生育、月经以及慢性疲劳、自身免疫性疾病和炎症等），EMDR 螺旋技术是一种很好的应对这类疼痛的方式。在此，我们可以借助 SUDS 来帮助我们评定痛苦等级，因为这个量表不但能够用来评估心理痛苦程度，也可以用来评估身体疼痛程度。

- 你如果拿不出 5~10 分钟的时间来完成这项技术，哪怕仅仅花 1 分钟专注地实践这项技术，你的 SUDS 痛苦程度评级也会有所下降。

- 这个方法可以在恐慌发作时使用。请保持专注并缓慢地吸气和呼气。当呼吸练习与螺旋技术相结合时，其疗愈效果将会非常强大。

自我关爱的艺术疗法

20 世纪 40 年代，艺术疗法开始成为一种临床实践技能。作为一种视觉沟通的替代性方法，它能够帮助我们有效地谈论或思考过去的创伤。

根据美国艺术治疗协会给出的定义，艺术疗法能够帮助使用者建立自尊和自我意识、培养复原力、提高洞察力、改善社交能力，并有助于减少和解决冲突及压力。艺术疗法通常在创伤的疗愈过程中起辅助作用，下面的练习会重点关注如何提高你的自我关爱和自我意识。

你将学到什么	你需要什么
·如何使用艺术疗法来拥抱真实的自己； ·通过一项有趣而放松的艺术实践，指导你去探索自己真正喜欢什么和你到底是谁。	·保持放松和清醒的 20~30 分钟时间； ·一些绘画材料（如蜡笔、彩色铅笔或记号笔）； ·纸张（可选）。

练习

艺术疗法练习被称为"提示"，是因为重点在于过程，而不是作品。虽然创作出一些精美的作品可以提高自尊，但更重要的是它能提示你想通过这个作品表达什么，以及你在表达时所产生的感受。请你沉下心，慢慢来，留意处理和使用这些艺术材料的感觉。

- 本书的第 177 页，你会看到一个空白的心形图案。这个图表示"我喜欢的东西"。
- 一些从煤气灯操纵中恢复过来的女性表示，她们很难专注于自己喜欢的东西。在这种情况下，艺术疗法可以帮助你探索身边的美好，让你记起你所喜欢和享受的事物——无论是地点、人物、事件、宠物，还是美好的回忆。

❁ 根据下面的提示，请你满怀着"爱"的感受，将你的答案填写在这个心形图案中（如果你对"爱"这个词没有产生共鸣，你可以选择"喜欢"或"享受"等词汇作为替代）。

❁ 请一边写一边回忆任何你喜欢的事物（比如一部美好的电影、一次轻松的散步或是一段与亲人共度的时光）。

❁ 接下来，选出各种你喜欢的颜色，你喜欢多少就选多少，然后将这些颜色以任何你喜欢的方式涂到这个心形图案中。

❁ 当你完成涂画后，请注意这幅作品色彩的多样性，并花点时间，带着感激之情细细品读每一份"爱"的表达。

❁ 最后，请你问自己以下三个问题，进一步完善你的作品：

　❁ 我该如何命名这幅作品？

　❁ 这幅作品唤起我的什么感觉？

　❁ 通过这幅作品，我对自己有什么新了解（或记起了什么）？

其他建立自爱的艺术疗法创意

❁ 收集杂志、彩纸、胶水和剪刀，创作一幅关于自己的拼贴画。

- 创造一个关于安全空间的形象。
- 用你的名字写一首藏头诗。把自己的名字写在纸页的一侧，并用每一个字母作为首字母，创作出一首诗或一个作品（例如，你的名字是 Pam，那么，你可以创作出以下这首诗：Perseverant Adaptable Musical）。完成这首诗后，你可以用精心的绘画来装点页面，也可以让它保持原样。
- 在纸上画一座山，把你已经完成的事情写在山的一边，然后把你希望在未来完成的事情写在山的另一边。

自我关爱瑜伽

情感虐待和煤气灯操纵所造成的创伤让我们很难以温和的方式与自己的身体建立连接。巴塞尔·范德考克（Bessel van der Kolk）是《身体从未忘记》（*The Body Keeps the Score*）一书的作者，也是过去 50 年创伤研究的先驱。她建议把瑜伽作为一种非医学的创伤疗愈方式，用以加强身体和自我之间的连接。瑜伽确实有助于"治愈我们肌体中的问题"，增强我们与自己的呼吸、身体和心灵的连接。同时，瑜伽提供了一种充满关爱的练习方式，它能够帮助我们提高身体健康水平、减少炎症、调节压力激素等。

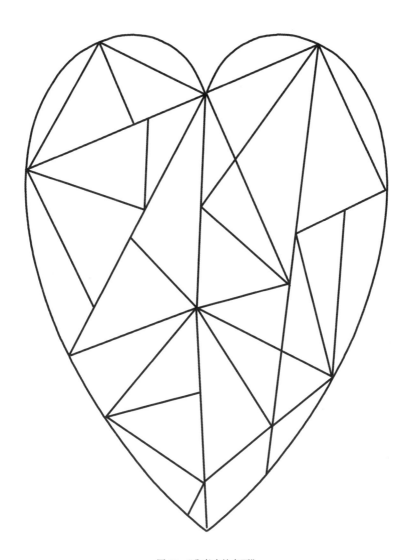

图 13 "我喜欢的东西"

你将学到什么

· 瑜伽练习如何表达爱自己；
· 一系列温和舒展的瑜伽体式，这些
体式能够促进自我关怀和稳定情绪。

你需要什么

· 保持放松和清醒的 15~25 分钟时间
（如果你愿意的话，也可以花更多
的时间进行重复练习）；
· 舒适且便于活动的着装；
· 一张瑜伽垫（或瑜伽铺巾）。

练习

　　以下是一系列促进自我关怀的瑜伽体式。请你沉下心，慢
慢来，尽量每个体式保持 1~2 分钟。我们采用"阴瑜伽"来
进行练习，这是一种在传统中医精粹上发展而成的慢速瑜伽。

　　练习"阴瑜伽"的三个要点：

　　1.沉静：尽量保持沉静，让自己舒展而缓慢地完成每个
体式。

　　2.呼吸：专注地进行缓慢而细长的吸气和呼气，伴随着每
次呼吸，让你的肌肉获得更加深入的放松。

　　3.极限：这就是爱自己的核心所在。不要把自己逼得太
紧，也不要过早放弃自己。找到一个你可以在保持沉静的同
时最大程度地完成，但又能在感到舒服的情况下进行挑战的
体式。

下犬式

从跪姿开始，双脚与臀部保持一定距离，双臂的二头肌在头部两侧与双耳成一直线，双手牢牢撑在地面，臀部向上延伸。你的双腿是否伸直并不重要，尽量舒展即可。

- 爱自己的练习：把你的注意力集中在你的呼吸上，让气息输入到头顶。当我们与自我怀疑做斗争时，我们可能会耗尽大脑中的能量。这种姿势可以帮助大脑恢复能量。尽可能保持这个姿势大约 1 分钟。
- 自我关怀练习：如果你的手臂在 1 分钟还没到时就觉得累了，那就换下一个姿势吧。

婴儿式

将你的膝盖分开，把臀部放回两腿之间，直到你感觉到下背部在不断伸展。将你的前额放在地板上。当你把手臂伸过头顶时，伸展你的脖子。将指尖轻轻向前延伸，打开你的胸椎。

- 自我关怀练习：如果需要的话，你可以在膝盖下放一条毛巾或垫子保护自己。

- 爱自己的练习：感觉到你的身体在地板上完全放松下来，想象一切负面的想法都从你的前额溢出，被大地通通吸走。缓慢地进行呼吸，让新鲜的空气直达你的心脏中心。

蝴蝶式

双脚并拢，膝盖分开坐着，伸展你的脊椎，然后深吸一口气。当你缓慢地呼气时，将双侧膝盖内收，直到抵达令你感觉到舒适的伸展。

- 自我关怀练习：将折叠好的毛巾放在膝盖下，用以支撑腿部两侧。
- 爱自己的练习：缓慢地进行深呼吸，同时想象你在拥抱自己的心，并用你的能量去保护它。

人面狮身式

俯卧，将重心移到你的腹部，保持脚趾在你身后并向后伸展。腿面紧贴地面，稍稍用力将臀部向下压。双手支撑地面将上身抬起，下背部保持柔软放松，然后弯曲肘关节俯下身，把前臂放在地面上。伸展你的颈部，并柔和地注视前方。

- 自我关怀练习：如果你的下背部感到紧绷，请放松手臂，并将双手叠放置于地面。将前额压在手背上，让气息输入到下背部。
- 爱自己的练习：放松你的下巴，想象你在这个姿势下打开了自己的心脏中心。想象你正在敞开心扉，将自己和宇宙给予的一切爱的能量都纳入怀中。

挺卧式

这是你在本次练习中的最后一个姿势，这个姿势旨在放松你的神经系统，平复你的大脑意识，释放你身体所承受的压力。首先需要仰卧，将腿和手臂向外伸展——尽可能地去占据更多空间。如果这样做让你感到很舒服，你就可以惬意地闭上眼睛。深吸一口气，感觉你的身体后部与你身下的地面渐渐融为一体。想象你正在放松身体的每一个部位，从头顶开始，将这种放松感一直向下传递，直到你的脚趾。

- 自我关怀练习：把一条卷起的毛巾或垫子放在膝盖下，

以减轻下背部的压力。

- 爱自己的练习：在这个最后的休息姿势中，请你提醒自己，你哪都不用去，没有人需要你操心，也没有什么事情是需要改变的。此时此刻，你值得被关爱和呵护，因为你就是你，无可取代。每次吸入新鲜空气时，所有的爱也被输入到你的身体，而每次呼出体内浊气时，所有无益于你的东西也一同被排放出去。

应对疼痛、压力和创伤的 EFT 敲击法

EFT（情绪释放技术，Emotional Freedom Technique，简称 EET）敲击法最早出现在 20 世纪 70 年代，当时的医生开始探索使用指压按摩刺激疗法来应对压力、恐惧和恐慌症。这项技术由斯坦福大学的工程师盖瑞·奎格（Gary Craig）于 20 世纪 90 年代正式创立，它通过用指尖敲击穴位来刺激身体，是一种简单易行的干预措施。穴位是人体非常敏感的区域，对其进行适当的按摩时，紧绷的身心都能得到放松。EFT 敲击法能有助于减轻个体的压力和负面情绪，其工作方法如下：陈述你想解决的问题（暴露），用肯定的方式回应（爱自己），同时敲击经络和穴位形成身体刺激，以促进能量（也称为"气"）在体内的流动和循环。在实践 EFT 敲击法后，被试们普遍报

告说感觉到更加放松，焦虑大量减轻，脑海中的胡思乱想也明显减少。一项关于焦虑的大规模研究发现，与单独使用认知行为疗法相比，被试仅使用三个疗程的 EFT，其焦虑就得到了更大的缓解。此外，一项针对使用 EFT 治疗退伍军人的创伤后应激障碍的研究发现，最多只需十个疗程的 EFT 治疗，就降低了被试 63% 的创伤后应激障碍症状。

你将学到什么	你需要什么
· 如何实践 EFT 敲击法，以及它为什么有效； · EFT 敲击法的适用场景。	· 完全不受干扰的 5 分钟时间； · 一些你想要关注或解决的问题、想法或感觉。

练习

以下是 EFT 敲击法的步骤和图解，这个练习将帮助你处理压力和情绪痛苦。所有敲击部位都按顺序列出。你可以在 5 分钟内完成 EFT 敲击法的全部 5 个步骤。

1. 深吸一口气，开始用指尖敲击第 1 个部位。敲击应以足够的力量来创造压力，但又不会引起疼痛为宜，并且可以用快速重复的节奏进行。你只要感觉良好，保持敲击。

2. 当你在进行敲击时，找出一个引起痛苦的问题（可以是消极的想法、感觉或记忆），并为其定义一个名字（换句话说，识别出这是什么感觉，比如孤独、自卑、愤怒等）。

3. 将痛苦程度从 1 分到 10 分进行评估（10 分是最痛苦的）：_____

4. 当你持续敲击部位时，将它与你的呼吸联系起来，同时觉知你的身体感受。当你觉得准备好时，你可以对自己说一句安慰的话语，比如"即使我感到被激怒，我也会让自己变得平静和放松下来"，或者"即使我感觉到压力，我仍然爱自己，接纳自己"。

5. 敲击每一个部位时，请重复至少三遍这个语句（你可以在脑海中默念，如果需要的话，也可以大声说出），然后再在下一个敲击部位上重复进行同样的操作，直到完成所有部位的敲击。

6. 重新评估你的痛苦程度：_____

敲击的注意事项

● 头顶的敲击点和"顶轮"的概念相互呼应，是头顶的能量中心。当练习结束后，请你将注意力集中回到这个位置，这可以帮助你建立更积极的人生观，让你能够更加平稳沉静，并让这个练习更加"圆满"（当然，

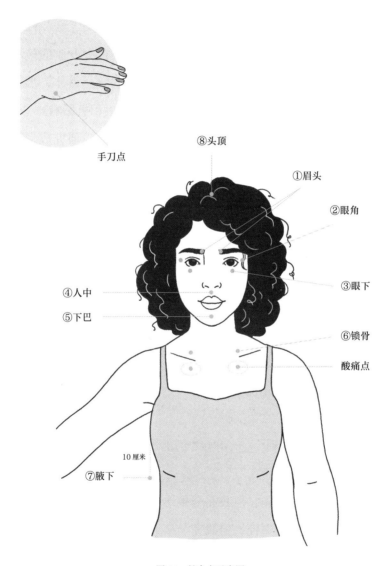

图 14 敲击点示意图

你也可以选择在任何一个部位结束你的练习）。

- 你可以跳过任何一个让你感觉到不舒服或太专业的敲击位。你的五脏六腑是内在相互关联的统一整体，因此，敲击一个部位，也会对其他部位产生积极影响。
- 迄今为止，敲击技术已经被研究了近 30 年，研究成果表明，这项技术可以缓解焦虑、抑郁、创伤后应激障碍和慢性疼痛等疾病。
- 许多治疗师（包括我自己）经常会使用敲击技术来帮助那些陷入困境的来访者。
- 因为敲击技术可以很方便地在自己身上进行操作，所以，这是一种表达爱自己的美妙方式，也是一种容易获得的自我关怀手段。

配合敲击的语句示例

- "尽管我感到＿＿＿，但我仍然深深地、完全地接纳自己。"
- "尽管我很焦虑，但我完全接纳自己的感受。"
- "尽管我感到失控，但我完全接纳了自己。"
- "即使我无法控制自己的压力，我依然选择放松并接纳这一刻。"

总结与结论

学会自我关怀

这一章其实是一封写给自己的情书。在这封情书里，你不仅可以思考如何表达对自己的关心，还可以把爱自己付诸实践。此外，你还会找到对自己最为有效的缓解压力的方法，从而进一步保护自己在未来免受煤气灯操纵的伤害。最能让煤气灯操纵者乘虚而入的缺口就是受害者的不安全感，当你对自己的爱越深邃时，你就越能积极主动地保护自己免受潜在施虐者的伤害。请记住，宽恕自己和自我关怀是另一种形式的爱自己，遭遇过煤气灯操纵的受害者若想重获新生，这一点至关重要。宽恕，对不同的人来说包含着不同的意味。因此，在下一章中，我将会提供一些方法，来帮助你认识和学会这种形式复杂的爱自己。

与此同时，你可以使用本章中学到的方法来继续了解自己和爱自己。你可以在不同的时间和情境中进行实验，探索什么方法最适用于处理什么问题，这同样是一种进一步了解自己是谁的方式。能够给予自己照顾、认同和支持，也是为未来的自己预防煤气灯操纵的有力方式。

第十章

建立信任和健康的关系

遭遇煤气灯操纵后，无论是在与自己还是与他人的关系中，建立信任都变成了一件困难的事情。因此，重建信任不可能一蹴而就，而是应该循序渐进，按照自己的节奏进行。我曾与我的来访者讨论过这个问题：如果不是让你立马投入100%的信任，而是有步骤地每次提升10%的信任度，那么你会是什么感觉。通过这种方法，你就可以掌握信任的节奏，从而掌控住自己的立场和主动权。

本章将通过重建信任来增强你的信心和安全感。从内省开始，帮助你首先重建起自信的基础。当你觉得一切准备就绪时，最后的练习将会鼓励你去探索自己想要的和应得的未来关系，并帮助你评估你希望原谅和放弃的一切未解决的问题。

相信你的直觉——瑜伽脉轮练习

开始一段新的关系，并在遭遇煤气灯操纵后再次学会信任，这个过程无异于一场艰苦的战斗。这个过程可能会非常缓慢，所以请你保持耐心和恒心。如果你曾经密切关注过自己在遭遇煤气灯操纵后的感受，你就会更加了解自己在未来的关系中不想要什么。相信自己这种"不想要"的本能直觉，这能帮助你更好地识别出潜在的危险信号——比如在认识新人的初期就产生的不适感。下面的练习将使用瑜伽脉轮理论，以此帮助你平衡自己的理性与直觉，让你与自己的本心形成连接。请你在日记里记下这些经历，从而为未来的反思积累素材和依据。

你将学到什么	你需要什么
· 如何倾听你的直觉； · 如何通过平衡肠道里的能量（第三脉轮）增强自己在选择未来关系时的信心和积极性。	· 用于自我反思的 10~20 分钟时间； · 一个安静的、可供冥想的空间； · 纸和笔。

练习

在瑜伽传统中，我们的肠道位于第三脉轮（脐轮），据说这是创造动力、信心、积极性和意志力的地方。西医发现，我们身体中 90% 的血清素（"幸福激素"）是在肠道中产生的，因此，任何有助于平衡肠道能量的实践都有可能对我们的心理健康产生积极影响。我们可以通过深入而集中地呼吸来增加新陈代谢，从而帮助增强肠道中的能量——在进行以下冥想时，请记住这一点。

脐轮冥想

- 首先要盘坐或站立在高处，最好是在阳光下或明亮的空间里，然后闭上眼睛。
- 双臂放在身体两侧，用鼻子深吸气，并将注意力转向你的内在。
- 唇部微张，缓缓呼气，并专注地觉知你脚下的大地和头顶的天空。
- 在下一次吸气时，慢慢将手臂上扬，直指天空；想象一下，从你的腹部中央，发出明亮的黄色光芒。
- 当你呼气时，以流畅的动作慢慢放下双臂。
- 保持这种能量的流动，感觉黄色的脉轮随着每次吸气逐渐变大，并随着每次呼气逐渐变亮。
- 当你感觉到黄色光芒变得足够巨大且耀眼时，将手臂伸到头顶，想象你的指尖划过天空。

- 最后，让你的双臂随着自然呼吸的节奏落回身体两侧。
- 当你准备好后，就可以睁开眼睛。请感受你在这个练习过程中所创造的力量。

当你睁开眼睛时，请花点时间重新进行自我调整，让自己充分适应周围的环境。准备好后，请你回答以下问题：

当我与直觉的力量形成连接时，我的身体会有什么感觉？

_____

_____

这种感觉与我在感到不确定时有何不同？

_____

_____

什么样的人或行为会导致我的肠道失去力量感？

_____

_____

我会让我的直觉重点关注哪些具体的危险信号？

由内而外达成宽恕的六个阶段

对再次受伤的恐惧滋生了对他人的不信任，尤其是在伤口仍未愈合的情况下，这会让人不得不生出自我保护的屏障。就像悲伤分为五个阶段一样，宽恕也有阶段，而我们每个人都会以自己的节奏度过这些阶段。

人们普遍认为，宽恕不是为伤害你的人着想，而是为你自己着想。这个说法有一定道理，但也不完全对。宽恕始于向内的自我关怀，它是一种能够释放痛苦和保护自己的防御机制，但也可能造成潜在的痛苦。当你唤起了向内的宽恕后，对他人的宽恕也会随之而来。

向外的宽恕发生在最后三个阶段，它以"给予"或"施舍"他人宽恕的形式出现。但请务必记住，向外的宽恕并不意味着原谅对方对你做过的事情，也不意味着允许对方再次伤害你；相反，它是你打破自己与这个人（或团体）的连接，从他们对你的所作所为的束缚中挣脱出来的过程。

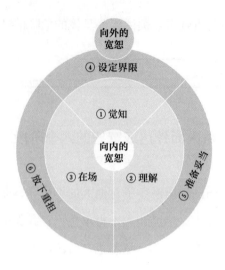

图 15　宽恕的六个阶段

　　下面的练习将帮助你探索宽恕的六个阶段，确定你目前处于哪一个阶段（在每个阶段中循环往复是正常的情况，因为疗愈不是线性的增长过程），并为每个阶段提供反思性问题以供复盘。

你将学到什么	你需要什么
· 在遭遇煤气灯操纵后，宽恕如何帮助你信任他人； · 宽恕的六个阶段，以及你自己在这个过程中所处的位置。	· 一些关于你想要宽恕的人或情况的回忆； · 纸和笔。

练习

向内的宽恕过程

1. 觉知：知道是什么或是谁伤害了你。这一阶段的主要目标是接受已经发生的一切。在经历创伤之后，个体通常难以承认发生在自己身上的可怕事情，尤其是伤害者以爱和保护的名义对受害者施以伤害的时候。然而，承认和接受这种经历已然发生，就是一种勇敢而坚强的行为。你不必记住这段经历的所有细节，你所觉知、感受或回忆到的任何情况都是你故事的一部分，无须得到他人证实就能成立。当然，你也可能会希望自己在经历宽恕的各个阶段时，能有人伴你左右，与你一路同行。

2. 理解：了解他们是如何伤害你的。在这个阶段，具有抽象性的艺术表达方式可能更为安全，它可以帮助受害者将其经历写成故事或画成图像。去人格化是施虐者造成伤害的重要原因之一，换句话说，他们会下意识地认为这些可怕的行为是独立于自己的人格而存在的。一旦了解这个原因，你就能客观地看待他们的所作所为，从而产生共情。共情不是让你无条件地宽恕他们所做的坏事，而是让你了解他们为什么会这样做。这不是一个借口，而是一种解释。正如米歇尔·拉德（Michelle Rad）在《赫芬顿邮报》上发表的关于宽恕阶段的文章中所言："借口消解了责任，但解释会让人共情。"

3. 在场：敢于直面负面影响。在第三个阶段，你将意识到无法宽恕会形成什么样的负担，而这种负担又会对你产生什么影响。无法宽恕就像是一种疾病，因为愤怒、不满、仇恨和其他负面情绪会对免疫系统及其他方面的身体能量产生负面影响。如果我们刻意忽略内心的疼痛，只会延长伤口愈合的过程。如果你需要一些方法来处理你的愤怒，本书中所教授的练习会对你有所帮助，比如使用 EMDR 螺旋技术、冥想或使用 SUDS 来评估你的痛苦等级。在这个阶段中，许多人会发现自己正在困境中苦苦挣扎，愈发难以忍受痛苦。不要逼迫自己迅速找到脱离困境的出口，而是允许自己有足够的时间在困境之中逐渐摸索出可行的方向。一些能量疗愈师会进行"斩断情丝"的仪式，引领你通过想象的方式，将你和对方之间的情感纽带"快刀斩断"。斩断不良关系中的负面连接，能让你更安全地去理清自己经历中的千头万绪，带领你逐步接近向外的宽恕过程。

向外的宽恕过程

4. 设定界限：为自己建立起坚实城墙。在这个阶段中，你可以运用自己从前三个阶段中学到的知识，为自己设定健康

的界限。但需要注意的是，如果伤害者仍在你的生活中出现
（比如他是你的家庭成员或工作中的领导），这个阶段便会尤为
困难。以下是关于如何设定各种类型界限的提示。你只有设定
了健康的界限，才能拥有安全感；而只有当你充满安全感时，
你才有可能由内而外实现宽恕。设定界限可能包括以下情况：
结束一段关系，限制你愿意和一个人共处的频率，决定你愿意
分享什么样的个人信息，或者制止你无法宽恕的行为。在这一
阶段中，你需要破除自己对提出"最后通牒"的畏惧感，因为
在一段关系中，你有权对你不想要的东西勇敢说"不"，并让
那些不尊重你界限的人知道他们应当承受什么样的后果。对一
些人来说，在伤害者面前捍卫自己的立场是一件危险的事，所
以在这一阶段，可以先为自己在内心暗暗设下一个不容侵犯的
界限。而另一些人则可以通过书面或口头表达来主动捍卫自己
的立场。只有你自己知道，你所面临的处境到底有多么安全或
是危险。

　　5. 决定是否做好宽恕准备。你终于来到了这一阶段。经
过前面的一系列步骤，你已经确定是谁伤害了你，他们做了什
么，愤怒对你的影响，你如何从释放这种愤怒中受益，以及你
需要设定什么样的界限才能感到安全。现在，是时候决定你是
否做好准备去实现宽恕了。如果你的答案是"不"，那就先停
下来，回过头再去进行前面四个阶段的练习。有些人会无限期

地停留在前四个阶段中，但只要在这些阶段中向内妥善处理了自己的创伤，他们也会获得疗愈。但如果你觉得已经准备好实现向外的宽恕（包括给予或表达宽恕），你可能需要练习如何适当地表达宽恕。

6. 放下重担。 在这个阶段，你已经选择了实现宽恕。有许多种方法能够帮助你做到这一点：

- "亲爱的人"冲突解决法。
- 写一封信。
- 创作一件关于创伤的艺术作品，如果需要的话，你可以将其销毁以宣泄情绪。
- 与另一个安全的人分享你想要实现宽恕的愿望（而不是与伤害者对话）。
- 直接与伤害者对话（如果他们已经成为安全的人）。
- 用"空椅子技术"进行角色扮演（假设伤害者就坐在你身边）。
- 慈悲和仁爱冥想。

你无论选择哪种方式去实现宽恕，都会有所收获。一些人在宽恕后，因为放下了负能量、痛苦和不健康的关注点，从而找到解决方案或改善了关系。最重要的是，你变成了一个自由自在的人。在经历了这六个阶段的洗礼后，无论对方做了什么，都将与你无关——你才是决定如何书写故事走向的主角。

以下提示将会帮助你逐一走过实现宽恕的六个阶段。你可以从第一个阶段开始，逐步前进到你现在所处的位置；你也可以直接进入你当前所处的阶段，并继续走向下一个阶段。

第一阶段：什么人和什么事伤害了我？在他们伤害我之前，我和这个人的关系是什么？从那以后，这段关系发生了什么变化？

_____

_____

第二阶段：用第三人称视角来讲述他们所做的事情，仿佛看电影一样旁观这一切。把这个伤害你的人想象成电影中的一个角色：是什么原因促使他做出伤害行为？

_____

_____

第三阶段：你在想到自己是如何受伤的时候，会产生什么想法、感受和身体感觉？如果把它们都从你的身体里释放出来，你又会是什么感觉？释放这些负面的感受对你的身体、思想和精神有些什么可能的益处？你也可以（通过想象或使用艺术材料）创造一个图像，来描绘你卸下重担后无忧无虑的样子。

_____

_____

第四阶段：对这个人，我需要设定什么界限？我愿意与其分享或是隐瞒我生活的哪些部分？我应该结束与这个人的关系吗？谁可以帮助我捍卫这些界限（也许是一个支持我的家庭成员、同事、治疗师甚至执法人员）？我必须采取什么行动来维护这些界限？

_____

_____

第五阶段：我想宽恕这个人吗？我在哪些方面感觉准备好了？还有哪些方面没有准备好呢？如果我还没有准备好，我觉得自己目前正处于哪个阶段？如果我还没有做好准备，我该如何练习自我关怀？

_____

_____

第六阶段：宽恕对我来说意味着什么？我想和伤害我的人/团体分享我的想法吗？如果我打算和他们谈谈，我想说些什么？如果我选择写封信给他们，我会怎么写呢？（下一个工具"未寄出的信"就提供了一个写这样一封信的机会。）如果我使用"亲爱的人"冲突解决法处理这个情况，效果会如何呢？如果我选择通过冥想在精神上实现宽恕，这段经历会对我有些什么帮助？

_____

_____

最后，**请你记住**：宽恕是疗愈过程的一部分，也是学会信任他人并在关系中再次获得安全感的一部分。无论是好是坏，我们都会背负历史，走向未来。宽恕无法保证你不会再次受到别人的伤害，但它会让你向那些想要保护你的人敞开心扉。

未寄出的信

在经历煤气灯操纵后，许多受害者难以信任他人的原因之一就在于，伤害者依然无法给自己带来安全。我在给许多女性来访者治疗的过程中发现，给伤害者写下一封信，即使并不打算寄出，也能有助于宣泄痛苦，并促进创伤的疗愈。写下你的情绪可以帮助你澄清状况，并释放掉自己对对方的负面感受。

一项由剑桥大学进行的研究发现，创造性写作可以促进心理健康、减少抑郁症状、改善创伤后应激障碍症状、降低血压和增强免疫系统功能等。下面的练习将帮助你掌握写作的力量，通过练习这种方法，你也可以从梳理和解决自己的关系或经历中受益。

你将学到什么

· 如何处理与他人尚未解决的情感问题；
· 叙事疗法的力量，以及如何安全地"消化"想法和感受。

你需要什么

· 保持放松和清醒的 10~20 分钟时间；
· 一段你想要解决但尚未解决的冲突或关系；
· 纸和笔。

练习

在这个练习中，你可以在下面的横线上进行写作，也可以在另一张纸上展开书写。如果使用电脑打字让你觉得更加方便舒适，那也是没问题的。

1. 请你描述你将要书写的情况，以及信件的收件人。

_____

_____

2. 接下来，使用 SUDS 对你当前的主观痛苦感觉等级从 1 级到 10 级进行评估（其中 10 级表示你的痛苦程度最高）。

_____

_____

3. 请你在一张空白的纸上，花尽可能多的时间，给伤害过你的人写下这封信。记住，这封信不必交给这个人，也不要担心你的信写得够不够"好"。因为这是一项创造性的练习，写作过程比写作质量更加重要。

_____

_____

4. 写完后，花点时间读一读你写的东西。你可以大声读出来，让你的情绪通过语言和声调表达出来。

_____

_____

5. 写完这封信后，再次使用 SUDS 对你当前的主观痛苦感觉等级从 1 级到 10 级进行评估。

_____

_____

增强治疗性写作的练习

- 如果你觉得安全可行，你可以与收信人分享这封信的内容。

- 如果你选择不与此人分享这封信，你可以与朋友或治疗师分享，从而获得进一步的认可和宣泄。

- 如前所述，大声地朗读书信内容会让人感觉充满力量。试着与"空椅子技术"（格式塔疗法中的一种技巧）结合，想象收信人就坐在你身旁的空椅子上，听你大声读出这封信。

- 你可以选择烧掉或销毁这封信。

- 你可以用这封信创作出一件艺术品。曾经有一位来访者就是这么做的，她将自己的信剪碎，然后将所有蝴蝶形状的碎片挑出，并将这些碎片拼贴成一幅画，这个过程对她来说象征着疗愈。

- 你的信中可能蕴藏了促使你在这段关系中做出改变的关键点。如果可能的话，做出这些改变，或者结束这段关系。

- 记录下你进行这个练习的经历以及它带给你的感受。

慈悲冥想

怨恨会让人的身心变得冰冷僵硬，在未来的关系中再难感到安全和敞开怀抱。虽然我们并非总能那么容易地做好宽恕的准备，但我们可以从练习共情开始着手准备。下面的练习是源自瑜伽禅修的慈悲冥想，通过这种方式，你会首先体验到自我关怀，而后逐渐走向对他人的共情。

你将学到什么	你需要什么
·共情如何帮助你在煤气灯操纵下获得恢复和疗愈； ·如何通过慈悲冥想来增加幸福感，并按照自己的节奏走向宽恕。	·完全不受干扰的 10 分钟时间； ·一个你能够安静独处的环境。（哪怕是在你的车里！）

练习

1. 请你找到一个舒服的姿势。花点时间专注于你的呼吸，集中精力，放松你身体的肌肉。

2. 当你觉得准备好时，请你先将注意力集中在自己身上，然后在脑海中慢慢重复以下语句："愿我快乐。""愿我健康。""愿我安全。""愿我自由自在。"

3.接下来，请你把注意力集中在你所关心的人身上，并对其重复这些语句："愿你快乐。""愿你健康。""愿你安全。""愿你自由自在。"

4.现在，请你选择一个中立的人——一个你经常见到，但可能不太了解的人——并对那个人重复同样的祝祷。

5.接下来，你可以选择一群人、一群动物、一些国家等作为对象，为其献上你的祝祷。

6.最后，选择一个让你受过伤害的人，并为他们进行同样的祝祷。（如果想象着他们现在的样子来献上祝祷太过困难，可以把这个人想象成他婴幼儿时期的样子，这可能会对你有所帮助。）

慈悲冥想的注意事项

- 在每次转换祝祷对象的时候留出空间和时间进行调整。
- 你可以选择从你觉得最需要解决的部分开始冥想，比如伤害过你的人。
- 简单地进行几句祝祷也是大有裨益的。心态上的积极改变，可以帮助改善你当前或未来的人际关系，让你享受与他人相处的乐趣。
- 共情有助于建立信任他人的能力。

底线列表

我们把精力投注于谁身上、我们专注于什么事情、我们如何思考和感受，这些都会影响未来健康关系的建立。吸引力法则解释了我们的思想和感受对生活造成的影响，该定律认为，你把精力集中在什么之上，最终就会得到什么。正如我们在第七章中探讨的目标设定那样，若你把精力集中在你不想要的事物上（许多人会这样做，尤其是有创伤经历的人），反而会让你离你想要的事物更加遥远。

由于煤气灯操纵会对你的内心欲望产生负面影响，因此，许多正在从创伤经历中恢复的女性很难确定自己在未来想要什么样的伴侣或关系。下面的练习能够让你逐渐认识到，你希望自己未来的伴侣或关系具有什么样的特质，这是让你相信自己有能力做出选择的重要一步。

你将学到什么

· 如何使用吸引力法则以帮助自己在未来的关系中实现你的所想所愿；
· 如何在未来的关系中，发现自己到底想要或不想要什么，并集中精力去处理它。

你需要什么

· 保持放松和清醒的 10 分钟时间；
· 纸和笔。

练习

在这项练习中，你将创建出一份属于你自己"底线列表"，这份列表中的内容是你的最后底线，绝无半分协商的可能。请你花点时间想想，你希望未来伴侣所拥有的任何物质（你也可以将这份列表应用于朋友关系）。没有什么是不可能的，你可以随心所欲地提出任何要求，这是你可以尽情发挥想象力的私人空间。我接触过的女性来访者都诚实地展现了自己的各种欲望，这些欲望涉及的范围很广，包括身体特征、经济状况、精神世界、文化背景、性格特征，甚至是诸如"能让自己的汽车保持干净整洁"这种细节化的要求！

如果你很难找出足够多的条目来填满一张列表，请回到我们之前探索过的"情感的个体性"部分寻找更多启发。从煤气灯操纵中恢复的部分包括牢牢记住自己想要什么和不想要什么。如果你不能一次性完整地填好这份列表，请把它保存好，待到你有新的想法时再回来补充完整。有些人也许会发现，一位值得信赖的朋友或治疗师能够帮助他们产生想法。但请你记住，这份列表所呈现出的，应当是真真正正对你本人非常重要的事项。

我的底线列表

1.＿＿＿＿＿＿＿＿＿＿＿＿＿＿＿＿＿＿＿＿＿＿＿＿＿＿

2.＿＿＿＿＿＿＿＿＿＿＿＿＿＿＿＿＿＿＿＿＿＿＿＿＿＿

3.＿＿＿＿＿＿＿＿＿＿＿＿＿＿＿＿＿＿＿＿＿＿＿＿＿＿

4.＿＿＿＿＿＿＿＿＿＿＿＿＿＿＿＿＿＿＿＿＿＿＿＿＿＿

5.＿＿＿＿＿＿＿＿＿＿＿＿＿＿＿＿＿＿＿＿＿＿＿＿＿＿

6.＿＿＿＿＿＿＿＿＿＿＿＿＿＿＿＿＿＿＿＿＿＿＿＿＿＿

7.＿＿＿＿＿＿＿＿＿＿＿＿＿＿＿＿＿＿＿＿＿＿＿＿＿＿

8.＿＿＿＿＿＿＿＿＿＿＿＿＿＿＿＿＿＿＿＿＿＿＿＿＿＿

9.＿＿＿＿＿＿＿＿＿＿＿＿＿＿＿＿＿＿＿＿＿＿＿＿＿＿

10.＿＿＿＿＿＿＿＿＿＿＿＿＿＿＿＿＿＿＿＿＿＿＿＿＿＿

11.＿＿＿＿＿＿＿＿＿＿＿＿＿＿＿＿＿＿＿＿＿＿＿＿＿＿

12.＿＿＿＿＿＿＿＿＿＿＿＿＿＿＿＿＿＿＿＿＿＿＿＿＿＿

13.＿＿＿＿＿＿＿＿＿＿＿＿＿＿＿＿＿＿＿＿＿＿＿＿＿＿

14.＿＿＿＿＿＿＿＿＿＿＿＿＿＿＿＿＿＿＿＿＿＿＿＿＿＿

15.＿＿＿＿＿＿＿＿＿＿＿＿＿＿＿＿＿＿＿＿＿＿＿＿＿＿

16.＿＿＿＿＿＿＿＿＿＿＿＿＿＿＿＿＿＿＿＿＿＿＿＿＿＿

17.＿＿＿＿＿＿＿＿＿＿＿＿＿＿＿＿＿＿＿＿＿＿＿＿＿＿

18.＿＿＿＿＿＿＿＿＿＿＿＿＿＿＿＿＿＿＿＿＿＿＿＿＿＿

19.＿＿＿＿＿＿＿＿＿＿＿＿＿＿＿＿＿＿＿＿＿＿＿＿＿＿

20.＿＿＿＿＿＿＿＿＿＿＿＿＿＿＿＿＿＿＿＿＿＿＿＿＿＿

底线列表后的下一步行动

● 你可以用下划线着重标出"绝不允许"的条目，这些
条目对你来说，是完全不可能让一段关系开始的严重
问题。例如，如果拥有相似的信仰对你们的关系至关
重要，请着重标出这个条目。这并不意味着你对"高
个子"的偏好不那么重要，但对于合适的人来说，这
可能是你会忽视的非必要条件。你想要标出多少"绝
不允许"的条目都可以，数量是没有限制的。对一些
人来说，这份列表就是所有不容商量的要求，缺一不
可。这对你非常有帮助，因为这意味着你在表达你的
欲望，这是你从煤气灯操纵中恢复的重要部分！

● 把你的底线列表放在你能经常看到的地方。把它设为
你的手机壁纸，贴在冰箱或镜子上，或者放在你经常
打开的纪念品盒子里。我的一位来访者还在她睡觉的
床下放了一份底线列表，因为她觉得这有助于她在做
梦时强化信念。

● 当开始一段新的关系时，请你重新审视自己的底线列
表，并评估这个人是否符合你的标准。

● 在成长或发生变化的时候重新查看你的底线列表，它
是一个有生命力的文档，可以随着你的成长和变化发

生改变。

- 与你信任的人分享你的列表。说出你的欲望可以帮助你进一步强化信念。

- 请你记住——你值得拥有你想要的一切！尽管你在遭遇煤气灯操纵后可能难以学会去相信这句话，但这也是疗愈过程的一部分。

总结与结论

信任你自己

在这一章中，你不仅仅学会放下重担、信任他人或是与他人建立连接，还学会认可和强调你的自我价值，深入探索自己的内心，去更多地了解你的所想所愿，以及与损耗你的人和事划清界限。信任自己是信任他人的一部分，通过冥想、写作、学习宽恕的不同阶段和实践共情，你的自我意识和自我价值感都会获得巨大提升，这让你能够在遭遇煤气灯操纵后继续前行。每当你需要获得支持，或是需要提醒自己有多么重要时，你都可以回到这一章，重新复习和实践这些技能。

结语

当你越是专注于疗愈自己和向上生长时，你的光芒就会越明亮、越闪耀。当你变得越发积极时，你不但能够激励自己，还能激励周围的人。煤气灯操纵者也许想要夺走和毁灭你的自我价值和自信，但坚持实践你在这本书中所学到的东西，是一种表达"我爱我自己"的有力方式。

关爱自己，疗愈创伤，在经历煤气灯操纵后依然茁壮成长，这会让你发出耀眼的光芒，而你的光芒将吸引那些爱慕你的"追光者"，并赶走那些见不得光的"蛇鼠蟑螂"。请对一段糟糕关系的结束心存感激，即使结束让人感到痛苦，但你是如此勇敢强大，并不会就此倒下。在健康的关系里，你可以像爱对方一样去爱自己，有时甚至爱自己胜过爱他人。

正如智能健身品牌巨头 Peloton 的励志教练、演讲者罗宾·阿尔松（Robin Arzón）所问的那样，"你愿意和我一起加入爱自己俱乐部吗!?"作为女性，让我们团结起来，保护彼此，反击煤气灯操纵这种夺走我们力量的卑劣手段。

现在，请你深深地吸一口气。停顿片刻，复盘一下你学到了什么。我无比感激你找到了这本书，并且感谢你和我一起走过了这段旅程。愿你快乐，愿你健康，愿你充满力量，愿你平安幸福。

参考书目

《章鱼学会冷静》，杰西卡·鲍姆　著[①]

这本书为那些在亲密关系中与焦虑做斗争的人们提供了建立牢固而安全的关系的指导路线图。读者将会学到用以克服焦虑型依恋问题最实用和最全面的方法，从而找到更快乐、更充实的关系。

《比从前更好》，格雷琴·鲁宾　著[②]

这本书能够帮助你摆脱困境，因此对女性来说具有重大的意义。鲁宾富有同理心的叙述方式和丰富的知识储备能帮助你理解如何根据自己的特定倾向做出改变，而不是根据他人的眼光形塑自己。

① *Anxiously Attached: Becoming More Secure in Life and Love* by Jessica Baum

② *Better Than Before: What I Learned About Making and Breaking Habits—to Sleep More, Quit Sugar, Procrastinate Less, and Generally Build a Happier Life* by Gretchen Rubin

《身体从未忘记：心理创伤疗愈中的大脑、心智和身体》，巴塞尔·范德考克　著[1]

这本综合性的著作探讨了创伤的后果，为每一个被创伤影响的人带来希望和知识。读者可以从这本书中了解到脑科学、依恋模式和身体意识方面的最新研究成果，这些成果为创伤幸存者的疗愈提供了丰富的参考信息，从而帮助他们从自己过往经历的困境中逃离出来。

《不原谅也没关系：复杂性创伤后压力综合征自我疗愈圣经》，皮特·沃克　著[2]

这本书是理解由复杂性创伤后应激障碍导致的各种创伤反应的实用型工具书。它提供了具体的策略来应对这些反应（包括战斗、逃跑、僵住、解离等）。

《煤气灯效应：如何认清并摆脱别人对你生活的隐性控制》，罗宾·斯特恩　著[3]

这本书是让"煤气灯操纵"一词广为人知的一本重要著

---

[1] *The Body Keeps the Score: Brain, Mind, and Body in the Healing of Trauma* by Bessel van der Kolk

[2] *Complex PTSD: From Surviving to Thriving* by Pete Walker

[3] *The Gaslight Effect: How to Spot and Survive the Hidden Manipulation Others Use to Control Your Life* by Dr. Robin Stern

作，由斯特恩在其诊疗经验的基础上总结形成。

《煤气灯效应：识别和逃离情感虐待者》，斯蒂芬妮·莫尔顿·萨尔基斯　著[1]

本书的作者是一位煤气灯操纵问题方面的专家，她为各种煤气灯操纵手段及其造成的危害提供了广泛的指导意见。她非常关心女性赋权问题，并经常就此议题发表重要观点。

《高敏感者与有毒人群交往指南：如何从自恋者和操纵者手中夺回权力》，沙希达·阿拉比　著[2]

这本书提供了以认知行为疗法（CBT）和辩证行为疗法（DBT）为基础的循证技能，能够帮助你识别并防止有毒人群使用的常见操纵策略，如煤气灯操纵、拖延、投射、暗地打压和爱情轰炸等。阿拉比是一位备受尊敬的自恋问题研究者，她能帮助你从自恋者、操纵者和其他有毒人群手中夺回权力。

---

[1] *Gaslighting: Recognize Manipulative and Emotionally Abusive People—and Break Free* by Stephanie Moulton Sarkis

[2] *The Highly Sensitive Person's Guide to Dealing with Toxic People: How to Reclaim Your Power from Narcissists and Other Manipulators* by Shahida Arabi

《自我关怀的力量》，克里斯廷·内夫　著 [1]

这本书回答了一个复杂的问题："我该如何提高我的自尊？"这本书以真切而诚恳的语言娓娓道来，结合研究支持的练习，帮助你提升自我价值。

《说话：找到你的声音，相信你的直觉，从你的身之所处到你的心之所向》，敦德·欧叶尼　著 [2]

这本书探索了这样一个主题：尽管你无法改变过去的经历，但你要相信自己，勇于在面对未来挑战时倾听自己内心的声音。

《我希望自己知道的：在一段虐待关系后重生和发展》，阿梅利亚·凯利，肯达尔·安·库姆斯　著 [3]

这本书从一个创伤关系幸存者（库姆斯）的视角出发，对发生在虐待关系期间及之后的故事进行了私密而诚实的描述。一位治疗师（凯利博士）运用深刻的见解、技能和知识，对她的故事进行详尽的分析，教会读者如何及时发现关系中的虐待问题。

---

[1] *Self-Compassion: The Proven Power of Being Kind to Yourself* by Kristin Neff

[2] *Speak: Find Your Voice, Trust Your Gut, and Get from Where You Are to Where You Want to Be* by Tunde Oyeneyin

[3] *What I Wish I Knew: Surviving and Thriving After and Abusive Relationship* by Amelia Kelley, PhD, and Kendall Ann Combs

《离婚生存指南播客》[1]

在《纽约时报》推荐的播客中，拥有十年执业经验的教练凯特·安东尼帮助众多女性（尤其是有孩子的女性）勇敢地做出人生中最艰难的决定：我该留下还是离开？

《梅尔·罗宾斯的播客》[2]

如果你正在寻找一个有助于促进积极改变和自我赋权的播客，不妨听听《梅尔·罗宾斯的播客》。梅尔·罗宾斯以幽默、诚实和率真的方式，替我们表达出那些我们只会在脑海中思考的心声。

---

[1] *The Divorce Survival Guide Podcast*
[2] *The Mel Robbins Podcast*

致谢

如果没有那些给我启迪的女性，这本书就不可能存在——她们是真诚的冒险者，她们写作、发声，并与世界分享她们所看到的真相。除了上述给我带来灵感的书籍和作者，我的写作还直接受到了在多年疗愈实践中所遇到的女性的启发。在接受治疗的过程中，她们愿意信任我以及我们的关系，这让我了解到人类身处的状况和获得疗愈的能力。而你，是站在这本书背后的真正战士。

我要感谢我那群犀利的女性朋友，她们塑造了我，激励了我，支持了我，和我一起放声大笑，还总会提醒我，我到底是谁。因为有了她们，我才能够不断地成长，从而蜕变为一个更好的自己。

我还要感谢始终支持我的丈夫——当我将自己锁在办公室里通宵达旦地写作时，他负责照顾我们的孩子。他是一个真正能够鼓励女性活出强大自我的榜样，他让我看到，我们可以多么光彩夺目、鼓舞人心和勇敢坚强。

最后，我要感谢我的编辑以及时代精神出版社和企鹅兰登书屋的出版团队，感谢他们信任我能够完成如此重要的书稿。如今，煤气灯操纵已经成为我们社会的主要焦点之一，出版物应当公正地反映这场运动的精神，在他们的帮助下，我相信我们已经做到了。

参考文献

第一部分

Arabi, S. "5 Sneaky Things Narcissists Do to Take Advantage of You" (2014). thoughtcatalog.com/shahida-arabi/2014/08/5-sneaky-things-narcissists-do-to-take-advantage-of-you.

Arabi, S. "Gaslighting: Disturbing Signs an Abuser Is Twisting Your Reality" (2017). thoughtcatalog.com/shahida-arabi/2017/11/50-shades-of-gaslighting-the-disturbing-signs-an-abuser-is-twisting-your-reality.

Arabi, S. "Narcissistic and psychopathic traits in romantic partners predict post-traumatic stress disorder symptomology: Evidence for unique impact in a large sample." *Personality and Individual Differences*, 201 (2023). doi.org/10.1016/j.paid.2022.111942.

Ashton, Jennifer. "Data Shows Women, People of Color Affected Most by 'Medical Gaslighting.'" ABC News, April 6, 2022. abcnews.go.com/GMA/Wellness/video/data-shows-women-people-color-affected-medical-gaslighting-83905811.

Covey, Stephen R. *The Seven Habits of Highly Effective People*. New York: Free Press, 1989.

Cukor, George, dir. *Gaslight*. 1944; Beverly Hills, CA: Metro-Goldwyn-Mayer Studios.

Doychak, Kendra, and Chitra Raghavan. "'No Voice or Vote:' Trauma-Coerced Attachment in Victims of Sex Trafficking." *Journal of Human Trafficking* 6, no. 3 (2020): 339–57. doi: 10.1080/23322705.2018.1518625.

Hamilton, Patrick. *Gas Light: A Victorian Thriller in Three Acts*. London: Constable and Company Ltd., 1938.

Kaylor, Leah. "Psychological Impact of Human Trafficking and Sex Slavery Worldwide: Empowerment and Intervention." American Psychological Association. September 2015. apa.org/international/pi/2015/09/leah-kaylor.pdf.

Moyer, Melinda Wenner. "Women Are Calling Out Medical Gaslighting." *New York Times*, March 31, 2022.

National Domestic Violence Hotline. thehotline.org.

Ni, Preston. "7 Stages of Gaslighting in a Relationship." *Psychology Today*, April 30, 2017. psychologytoday.com/us/blog/communication-success/201704/7-stages-gaslighting-in-relationship.

Oxford English Dictionary Online. s.v. "art, n. 1." oed.com.

"Recognizing, Addressing Unintended Gender Bias in Patient Care." Duke Health. physicians.dukehealth.org/articles/recognizing-addressing-unintended-gender-bias-patient-care.

"Refusing to Provide Health Services." Guttmacher Institute. December 1, 2022. guttmacher.org/state-policy/explore/refusing-provide-health-services.

Ruíz, E. "Cultural Gaslighting." *Hypatia* 35, no. 4 (2020): 687–713.

Tawwab, Nedra. *Set Boundaries, Find Peace: A Guide to Reclaiming Yourself.* New York: TarcherPerigee, 2021.

Thompson, Dennis. " 'Medical Gaslighting' Is Common, Especially Among Women." UPI Health News, July 15, 2022. upi.com/Health_News/2022/07/15/medical-gaslighting/1951657890917.

第二部分

American Society for the Positive Care of Children. americanspcc.org.

Baum, Jessica. *Anxiously Attached: Becoming More Secure in Life and Love.* New York: Penguin, 2022.

Bowlby, J. "Attachment Theory and Its Therapeutic Implications." *Adolescent Psychiatry* 6 (1978): 5-33.

Clear, James. *Atomic Habits: Tiny Changes, Remarkable Results: An Easy & Proven Way to Build Good Habits & Break Bad Ones.* New York: Avery, 2018.

Clear, James. "Habit Score Card." Accessed November 13, 2022. jamesclear.com/habits-scorecard.

Finkelhor, D., A. Shattuck, H. Turner, and S. Hamby. "The Adverse Childhood Experiences (ACE) Study." *American Journal of Preventative Medicine* 14 (2015): 245-58.

Flaherty, S. C., and L. S. Sadler. "A Review of Attachment Theory in the Context of Adolescent Parenting." *Journal of Pediatric Health Care* 25, no. 2 (March–April 2011): 114-21.

"Keeping Your Eyes on the Prize Can Help with Exercise, Psychology Study Finds." NYU. October 1, 2015. Accessed November 10, 2022. nyu.edu/about/news-publications/news/2014/october/keeping-your-eyes-on-the-prize-can-help-with-exercise.html.

Levine, Amir, and Rachel S. F. Heller. *Attached: The New Science of Adult Attachment and How It Can Help You Find—and Keep—Love.* New York: TarcherPerigee, 2010.

Linehan, M. M. *DBT Training Manual.* New York: Guilford Press, 2014.

McGlynn, F. D. "Systematic Desensitization." In *The Corsini Encyclopedia of Psychology*, 4th edition, edited by I. B. Weiner and W. E. Craighead (Hoboken, NJ: Wiley, 2010).

Meerwijk, Esther L., Judith M. Ford, and Sandra J. Weiss. "Brain Regions Associated with Psychological Pain: Implications for a Neural Network and Its Relationship to Physical Pain." *Brain Imaging and Behavior* 7, no. 1 (2013): 1-14.

Neff, Kristin. *Self-Compassion: The Proven Power of Being Kind to Yourself.* New York: HarperCollins, 2011.

"Patterns and Characteristics of Codependence." Co-Dependents Anonymous. 2011. coda.org/meeting-materials/patterns-and-characteristics-2011.

Raye, Ethan. "Resmaa Menakem Talks Healing Racial Trauma." *Heights*, March 28, 2021. bcheights.com/2021/03/28/resmaa-menakem-talks-healing-racial-trauma.

Rubin, Gretchen. "Four Tendencies Quiz." gretchenrubin.com/quiz/the-four-tendencies-quiz.

Tierney, John. "Do You Suffer from Decision Fatigue?" *New York Times*, August 21, 2011.

Walker, Pete. *Complex PTSD: From Surviving to Thriving: A Guide and Map for Recovering from Childhood Trauma*, 1st edition. Lafayette, CA: Azure Coyote, 2013.

Wansink, B., and J. Sobal. "Mindless Eating: The 200 Daily Food Decisions We Overlook." *Environment and Behavior* 39, no. 1 (2007): 106–23.

第三部分

"About Art Therapy." American Art Therapy Association. 2022. arttherapy.org/about-art-therapy.

Ahmed, A., R. Gayatri Devi, and A. Jothi Priya. "Effect of Box Breathing Technique on Lung Function Test." *Journal of Pharmaceutical Research International* 33, no. 58A (2021): 25–31. doi: 10.9734/jpri/2021/v33i58A34085.

Baikie, K. A., and K. Wilhelm. "Emotional and Physical Health Benefits of Expressive Writing." *Advances in Psychiatric Treatment* 11, no. 5 (2005): 338–46.

Bolton, G., S. Howlett, C. Lago, and J. K. Wright. *Writing Cures: An Introductory Handbook of Writing in Counseling and Therapy.* Hove, England: Brunner-Routledge, 2004.

Brown, Brené. *Daring Greatly: How the Courage to Be Vulnerable Transforms the Way We Live, Love, Parent and Lead.* London: Portfolio Penguin, 2013.

Chapman, Gary D. *The Five Love Languages.* Farmington Hills, MI: Walker Large Print, 2010.

Church, D., S. Stern, E. Boath, A. Stewart, D. Feinstein, and M. Clond. "Emotional Freedom Techniques to Treat Posttraumatic Stress Disorder in Veterans: Review of the Evidence, Survey of Practitioners, and Proposed Clinical Guidelines." *Permanente Journal* 21, no. 4 (2017): 16–100. doi: 10.7812/TPP/16-100.

Clinton, Hillary. *What Happened.* New York: Simon & Schuster, 2017.

Craig, G., and A. Fowlie. *Emotional Freedom Techniques.* Sea Ranch, CA: self-published, 1995.

Cuddy, Amy. "Your Body Language May Shape Who You Are." TED video, 20:46. 2014. ted.com/talks/amy_cuddy_your_body_language_may_shape_who_you_are.

Feinstein, D. "Energy Psychology: A Review of the Preliminary Evidence." *Psychotherapy: Theory, Research, Practice, Training* 45, no. 2 (2008): 199–213. doi.org/10.1037/0033-3204.45.2.199.

Macy, R. J., E. Jones, L. M. Graham, and L. Roach. "Yoga for Trauma and Related Mental Health Problems: A Meta-Review with Clinical and Service Recommendations." *Trauma, Violence, & Abuse* 19, no. 1 (2018): 35–57.

Rad, Michelle Roya. "The Five Psychological Stages of Forgiveness." HuffPost, September 11, 2011. huffpost.com/entry/psychological-stages-of-f_b_955731.

Schwartz, Richard C. *Introduction to the Internal Family Systems Model.* Oak Park, IL: Trailheads Publications, 2001.

Shapiro, Francine. *Getting Past Your Past: Take Control of Your Life with Self-Help Techniques from EMDR Therapy.* Emmaus, PA: Rodale Books, 2012.

Van der Kolk, Bessel A. *The Body Keeps the Score: Brain, Mind, and Body in the Healing of Trauma.* New York: Viking, 2014.

Wallace, Jennifer. "How Gratitude Can Improve Your Health, Happiness, and Relationships." CBS News, November 22, 2018. cbsnews.com/video/how-gratitude-can-improve-your-health-happiness-and-relationships.